煤矿采空区瓦斯爆炸机理及区域划分

杨永辰　崔景昆　李国栋　编著

煤炭工业出版社

·北　京·

内 容 提 要

本书系统阐述了煤矿采空区自燃与瓦斯爆炸的研究背景，煤自燃机理，煤自燃发生、发展阶段及影响因素，采场上覆岩层运动基本特征，采场上覆岩层运动对采空区瓦斯流场的影响，瓦斯爆炸发生机理条件及危害等内容。本书以煤矿采空区煤炭自燃导致瓦斯爆炸为切入点，结合基本理论，开展物理试验和数值模拟，形成了煤炭自燃指标气体预测技术，揭示了煤炭自然发火机理和采空区瓦斯流场分布及变化规律，提出了煤自燃危险区域的判定和采空区瓦斯爆炸点预测技术。本书将理论和试验结果应用于分析煤自燃和瓦斯爆炸预测预报及定位等方面，内容由简单到复杂，由理论到实践。

本书可供采矿领域从事科研、设计、生产、施工人员参考，也可作为高等院校矿业工程专业的本科和研究生课程教材。

前　　言

瓦斯爆炸是最严重的煤矿事故之一。在所有煤矿重特大事故中，由于瓦斯爆炸、煤与瓦斯突出、瓦斯窒息等瓦斯灾害所导致的伤亡人数多年来在各种矿井灾害中占据相当大的比重。近年来，随着矿井生产机械化水平和生产集约化的提高，以及不少特大型矿区例如抚顺、淮南、平顶山等相继进入深部开采，瓦斯涌出量急剧增加，瓦斯集聚和超限增多，采空区遗煤自燃等问题越发突出。瓦斯爆炸事故一旦发生，将造成严重的人员伤亡和财产损失，给安全生产带来了重大隐患。因此，防治采空区自燃和瓦斯爆炸事故已成为煤矿安全工作中迫切需要解决的问题。

本书基于工程现场实际，针对煤自然发火机理、采空区瓦斯流场分布及演化规律、瓦斯爆炸发生机制及危害开展研究，结合工程实际分析采空区瓦斯爆炸的发生原因，提出爆炸点预测预报技术。此外，该书还吸收了国内外煤自燃与煤矿瓦斯爆炸方面的最新研究成果和发展趋势，涉及瓦斯爆炸的化学和物理学基础理论，爆炸的基本特性、爆炸传播的动力学特性等。

本书由河北工程大学杨永辰、崔景昆、李国栋教授担任编著者。全书共分为6章，第1章由李国栋编写，第2、6章由杨永辰、李国栋编写，第3章由崔景昆、付明明编写，第4章由赵贺编写，第5章由杨永辰编写。

本书在编写过程中参考了众多专家、学者的成果，尤其是中国矿业大学、北京科技大学、安徽理工大学、太原理工大学等单位学者的研究成果，在此表示感谢。

由于作者水平有限，本书不妥之处，敬请读者批评指正。

编著者

2019年1月

目　　次

1　概述 …… 1

1.1　研究背景及意义 …… 1
1.2　国内外研究现状及发展趋势 …… 2
1.3　研究方法和研究内容 …… 9

2　煤自燃机理研究 …… 12

2.1　煤自燃机理 …… 12
2.2　煤自燃的条件及影响因素 …… 14
2.3　煤自燃指标气体预报技术 …… 18
2.4　CSC－1200 型自然发火实验台研制 …… 21
2.5　煤自燃过程物理模拟试验研究 …… 26
2.6　煤样自燃特性参数 …… 46
2.7　煤自然发火现场监测 …… 50

3　采场上覆岩层运动对采空区瓦斯流动的影响规律 …… 59

3.1　采场上覆岩层运动的基本特征 …… 59
3.2　采场上覆岩层运动对采空区瓦斯流场的影响 …… 61
3.3　顶板垮落扰动采空区瓦斯流场试验研究 …… 62
3.4　Fluent 数值模拟 …… 80

4　采空区瓦斯流场分布及演化规律 …… 93

4.1　瓦斯的形成 …… 93
4.2　瓦斯涌出的形式 …… 93
4.3　采空区气体流场分布规律物理试验研究 …… 94
4.4　采空区流场三带划分 …… 119

5 瓦斯爆炸发生机理及爆炸危害 …… 123

5.1 瓦斯爆炸的条件 …… 123

5.2 矿井瓦斯灾害 …… 124

5.3 瓦斯爆炸试验 …… 125

6 采空区瓦斯爆炸地点预测预报 …… 131

6.1 采空区瓦斯爆炸点预测预报原理 …… 131

6.2 正明煤业采空区自燃监测及瓦斯爆炸点预测预报 …… 132

6.3 基于采空区瓦斯爆炸地点预测的特大瓦斯爆炸事故原因分析 …… 142

参考文献 …… 148

1 概　　述

1.1 研究背景及意义

瓦斯爆炸是最严重的煤矿事故之一。根据我国历年煤矿事故统计，在所有煤矿重特大事故中，由于瓦斯事故（含瓦斯爆炸、煤与瓦斯突出、瓦斯窒息）所导致的伤亡人数多年占据首位，2008—2017 年，国内发生各类煤矿瓦斯事故 389 起，死亡 3016 人。其中，瓦斯突出事故 123 起，占 31.62%，死亡 855 人，占 28.35%；瓦斯爆炸事故 156 起，占 40.10%，死亡 1663 人，占 55.14%；中毒窒息 66 起，占 16.97%，死亡 320 人，占 10.61%；瓦斯燃烧事故 19 起，占 4.88%，死亡 15 人，占 0.50%。2008—2017 年瓦斯事故统计，如图 1-1 所示。瓦斯爆炸事故的死亡人数在全部煤矿事故伤亡人数中所占比例呈上升趋势。

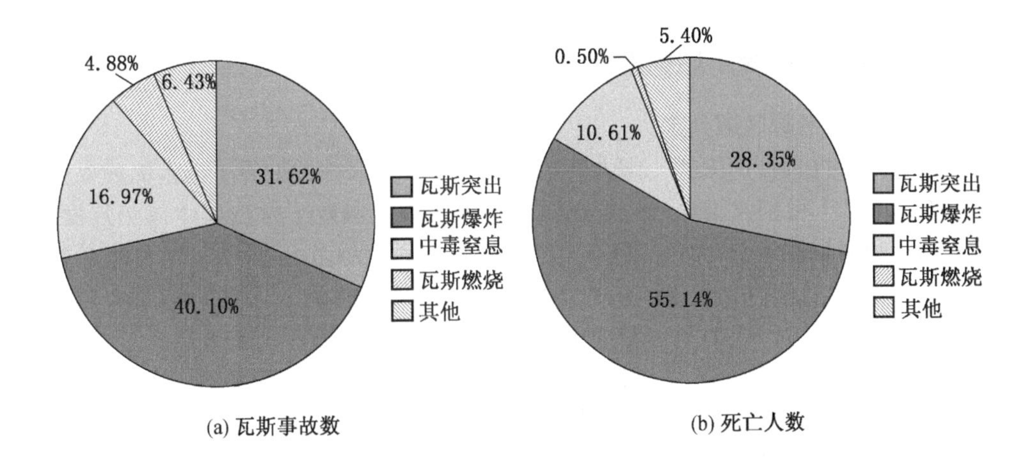

图 1-1　2008—2017 年瓦斯事故统计

中华人民共和国成立以来，全国煤矿发生一次死亡百人以上的事故共 24 起，其中瓦斯爆炸及其引起的煤尘爆炸事故 21 起。1995 年 6 月 23 日，淮南矿务局谢一矿 44 采区发生特大瓦斯爆炸事故，并且由于采空区瓦斯不断涌出，连续发生了多次瓦斯爆炸，事故共造成76人死亡。2004年11月28日，陕西铜川陈家山煤矿发生特大瓦斯爆炸事故[1]，导致166人死亡的。2006年10月15日，张家口金能集团盛源公司宣东矿206综采工作面采空区发生瓦斯爆炸事故，造成4人死亡。2010年3月25日，河北省承德县北大地煤矿发生一起重大瓦斯爆炸事故，造成11人死亡，2人重伤。瓦斯爆炸事故一旦发生，将造成严重的人员伤亡和财产损失，给安全生产带来了重大隐患。因此，防治瓦斯爆炸事故不仅是煤矿生产的重要环节，也一直是煤炭行业关注的热点问题。

从宏观角度分析，造成瓦斯爆炸的原因有瓦斯涌出量大、超限生产、煤矿防治瓦斯爆炸措施制定不规范、落实不到位、生产的机械化水平低、管理存在缺陷等诸多原因。近些年来，随着安全管理制度的进一步健全，监督体系的不断完善，煤矿事故数已明显减少，但瓦斯爆炸事故仍然频频发生。造成这种现象的主要原因是对瓦斯爆炸理论的认识不够深入，事前预防的基础理论和对策研究相对薄弱，特别是采空区瓦斯爆炸的原理和引发采空区瓦斯爆炸的条件尚不明确。

基于上述问题，本书结合煤矿安全生产的实际情况，基于瓦斯爆炸机理、矿山压力规律、矿井通风理论等对煤矿采空区内的残煤自燃、顶板垮落、瓦斯分带等进行全面的分析，提出煤矿采空区煤炭自燃引起瓦斯爆炸的新理论，并对其发生条件、时间和地点进行预测研究，确定采空区瓦斯爆炸的区域划分依据。

1.2 国内外研究现状及发展趋势

1.2.1 煤自燃危险区域判定

针对井下煤炭自燃问题，国内外学者开展了大量研究并取得了丰富的成果：

徐精彩[2-4]根据大型煤自然发火试验模拟结果，测定了松散煤体放热强度、耗氧速度和遗煤最短自然发火期等，结合综放面采空区实际漏风强度和浮煤厚度，提出了采空区自燃“三带”划分极限参数的计算方法，建立了综放面自然发火动态预测模型，提出了自燃危险区域划分依据。

在此基础上，杨胜强[5-8]根据采空区顶板的冒落压实状况以及浮煤分布状态，开展了采空区漏风流场的数值模拟分析，得到了采空区自燃“三带”的分布情况，并通过对采空区内遗煤温度和气样成分的观察分析验证了模拟结果，提出“两道两线”是采空区内防火的重点区域。

黄伯轩[9-12]通过研究采空区空气流动规律和火灾气体浓度分布规律，根据Fick定律和质量守恒定律，建立了采空区火源点位置判断数学模型，对实际火源位置用计算机进行模拟，结果与现场实际较接近。

同时，国内外研究人员采用数值计算针对采空区氧浓度场、风流场和温度场的分布和演化规律开展了深入研究。美国、澳大利亚、法国等学者[13、14]如 D Schmal、K Brooks、K Sasaki、E Nordon，国内学者如余明高[15、16]、李宗翔[17、18]、贺飞[19]、王继仁[20]等根据漏风渗流方程、氧浓度渗流扩散和传热方程，建立了采空区瓦斯流动与煤自燃数值模型，并开展了大量采空区流场试验。

李宗翔[21-23]将实测结果与计算机数值模拟相结合，在漏风气体连续运动性方程和氧浓度消耗变化方程的基础上，考虑了采空区煤氧化和瓦斯涌出的稀释作用，建立了耗氧模型，并利用迎风有限元方法进行求解，从理论上说明了采空区氧浓度分布的不均匀性，得出蓄热漏风流量区和高氧浓度区迭加是形成自燃氧化带的主要原因，自燃氧化带宽度与工作面风量近似呈负指数关系。

仲晓星、王德明[24、25]等通过计算煤样的表观活化能和 QA 值，得出了不同温度下的煤自燃临界堆积厚度，建立了金属网篮交叉点法，该方法具有消耗时间短、可重复性强、耦合度高特点，并采用金属网篮交叉点法结合 3 种煤样的结果对 3 个煤矿进行了实例分析。

魏引尚[26-30]运用数学方法，对采空区瓦斯与采空区蓄热区域划分进行综合分析，建立了蓄热区分布与瓦斯分布之间的关系，得出了采空区气体成分的变化规律。结果显示，采空区瓦斯浓度虽然在整体上随着至工作面距离的增大而增大，但增大速率却与所处位置有关，在距工作面较近处，瓦斯浓度增大速率快，而后有一个平缓变化的过程，再经过一段距离之后，瓦斯浓度变化速率再次变大，通过采用灰色关联分析的方法，找出了瓦斯浓度变化的主要原因是漏风。在此基础上，通过瓦斯浓度及氧浓度的变化规律，得出采空区蓄热区域位置。

1.2.2　采空区瓦斯运移规律研究

采空区煤自然发火危险区域的划分及预测预报取决于采空区浮煤自燃倾向性、堆积厚度、漏风等因素，而由于采空区煤层赋存条件、开采方式及采掘巷道布置等不同，采空区除与工作面连通外，通常还和周围其他巷道及采空区相连。在通风风速适宜的情况下，采空区漏风达到煤自燃所需的氧浓度及蓄热条件，就会造成采空区遗煤自然发火。因此，研究采空区的漏风及瓦斯运移规律对防治采空区煤自燃引起的瓦斯爆炸有十分重要的意义。

采空区是由开采过程中遗留的煤炭和冒落的破碎岩石组成的多孔介质空间，采场由工作面和相邻的采空区组成，进入采场的风流绝大部分经过工作面到达回风流中，而小部分进入采空区，形成采空区漏风风流。对于采空区内瓦斯运移规律及其数学模型和数值模拟，国内外学者进行了大量的研究和探索。瓦斯渗流力学研究瓦斯在煤层、采空区等多孔介质内的运动规律，是多学科相互交叉、渗透的学科。采空区气体流动理论涉及线性瓦斯流动理论、非线性瓦斯流动理论和多物理场固流耦合的瓦斯流动理论等。

苏联学者应用达西定律描述煤层内瓦斯流动，研究了考虑瓦斯吸附性质的瓦斯渗流问题，成为开创瓦斯渗流力学的先驱之一。20 世纪 60 年代，周世宁[31-33]等从渗流力学角度出发，认为瓦斯的流动基本上符合达西定律，把多孔介质的煤层视为一种大尺度上均匀分布的虚拟连续介质，在国内首次提出了线性瓦斯流动理论，对瓦斯流动规律的研究具有重要影响。

目前，针对采空区瓦斯运移规律的研究多以流场理论为基础，主要基于孔介质渗流动力学和数值模拟计算，将采空区作为“流场”来研究。1971 年波兰学者提出了瓦斯计算的数学模型，1983 年叶汝陵[34-36]在我国最早从流场角度提出了瓦斯运移规律方程。20 世纪 80 年代初，章梦涛[37-39]等利用渗流理论，把多孔介质渗流力学首次应用到对采空区流场的研究，将采场中的空气流动视为工作面和采空区不同介质的渗流，并依据质量守恒原理建立了统一的数学模型，从此开启了采空区流场研究的多孔介质渗流新纪元。

此后，采空区瓦斯数学模型的有限元数值计算经历了从二维到三维的过渡[40]。W. Dziurzyński 和 S. Nawart[41,42]肯定了采空区瓦斯抽放和采煤工作面风流的依存关系，工作面风流是采空区的边界条件，在文献中研究者给出了在各种具体复杂情况下工作面风流与采空区边界条件之间关系的计算实例。

破碎岩体的渗透率是直接反映采空区渗流特征的参数，因此很多专家学者对岩石材料的渗透率特性进行了大量的试验分析和研究。陈占清、缪协兴[43-47]分析了影响岩石材料渗透性的各种因素，并建立了非 Darcy 渗流系统的降阶动力学方程，进而得到了平衡态附近的演化方程。李树刚[48]通过监测数据分析了综放面顶板来压对采空区瓦斯流场演化规律的影响，得到了采空区瓦斯运移分布的特点。俄罗斯学者 V. T. Presler、梅振华[49]通过理论分析，给出了包括碎裂煤瓦斯释放量、工作面瓦斯涌出量等的计算公式。

张东明、刘见中[50]通过分析上隅角瓦斯积聚的原因，依据渗流理论，在分析采空区内瓦斯流态的前提下，建立了采空区瓦斯渗流和分布模型。郭嗣琮、陈刚[51-53]考虑了采空区陷落岩石构成的气体孔隙渗流介质空间的复杂和不规则性，提出了采场气体渗流的模糊微分方程，给出了模糊渗透性系数和非均质孔隙介质采场气体稳定渗流数学模型，并用模糊结构元的方法得到了模糊渗流方程的近似解。

1.2.3 采空区瓦斯流场分布数值模拟研究

随着计算机应用技术的发展，国内外学者从 20 世纪 80 年代开始普遍把理论分析和计算机模拟作为一种有力的辅助手段用于采空区瓦斯运移规律的研究中，即在理论分析的基础上，运用传热学、热力学和计算流体力学建立数学模型，采用计算机模拟采空区风流场、氧浓度场和温度场。章梦涛[54]、顾润红[55]建立了瓦斯运移的定解条件数学模型及有限元求解方法，此后波兰学者 J. Roszkowski 和 W. Dziurzyński 以及 S. Nawart 采用该种方法对采空区瓦斯浓度分布规律开展了研究。但由于渗流—扩散方程具有非自伴性，且数值解振荡，绘制分布图被人为地修正，导致产生了一定的误差。丁广骧[56-59]引入了有限元计算方法解决数值解不稳定的问题，考虑了采空区的不同流态，提出了瓦斯沿冒落流场高度方向，上浮原理的三维瓦斯求解模型给出了简单情况下的离散点数值解。以上成果在求解方法上取得了显著的进步，首次提出瓦斯与大气完全气体模型类似于二相混溶气体模型。

综放开采也引发了对开采围岩移动下瓦斯运移规律的研究，将瓦斯流动与采空区冒落介质联系在一起。由于数值计算手段的诸多困难，较少研究给出了数值解，因此，在成果应用上受到很大的限制，为此人们不得不借助于试验和相似模拟的方法。

近年来，随着数值计算效率的提高和可视化分布图显示技术的引入，针对瓦斯运移问题的数值解精度和质量也大幅度提高，其实际应用和对问题深入分析有了显著发展，已经能够定量化地描述采空区瓦斯抽放、导流排放以及瓦斯涌出等因素随各生产参数的变化，可用于计算复杂采空区边界漏风和均压治理瓦斯及采区瓦斯抽放对瓦斯分布的影响和变化，综放面在复杂放煤边界下的采空区瓦斯的动态运移等问题，并形成了专业分析软件。这些工作为瓦斯流场规律的建立提供了有力的技术支持。必须指出的是，基于单相传质的采空区瓦斯模型在计算中会出现“超饱和”解的问题，但理想采空区瓦斯涌出及其迁移扩散的本质更接近于两相混溶气体渗流，即扩散问题。这一模型的改进，对于更准确描述采空区瓦斯分布状况及其变化规律起到了积极的作用。

20 世纪 80 年代初以来，应用计算机研究瓦斯流场内的压力变化规律成为主流。魏晓林、李英俊[60,61]应用计算机研究了瓦斯的流动规律。魏晓林[62]结合煤矿实际，用离散元法（DEM）首次对瓦斯流场中压力分布及其流量变化实现了数值模拟，成功地预测了流场内瓦斯压力的变化规律。

计算流体力学（Computatiollal Fluid Dyamics，简称 CFD）方法的诞生和理论的完善，给采空区瓦斯运移规律研究带来了新的发展。CFD 的基本思想可以归结为：把原来在时间域及空间域上连续的物理量的场（如速度场和压力场），用一系列有限个离散点上的变量值的集合来代替，通过一定的原则和方式建立起关于这些离散点上场变量之间关系的代数方程组，然后求解代数方程组获得场变量的近似值。计算流体力学作为现代流体力学的一个新兴分支，在最近几十年中有了长远的发展。它是利用计算机和数值方法求解满足定解条件的微分方程以获得流动规律和解决流动问题的一门新兴学科。经过半个多世纪的发展，CFD 已经相当成熟，各种商品化 CFD 通用性软件包陆续出现，应用范围不断扩大，性能日趋完善，为工业界广泛接受。各种 CFD 通用软件的数学模型的组成都是以 Navier – Stokes 方程组与各种紊流模型为主体，再加上多相流模型、燃烧与化学反应流模型、自由面流模型以及非牛顿流体模型等。大多数附加的模型是在主体方程组上补充一些附加源项、附加输运方程与关系式。随着应用范围的不断扩大和新方法的出现，新的模型也在增加。

随着 CFD 商用软件在我国的推广，近年来国内开展了大量采场风流运动、瓦斯运移及其分布规律的 CFD 数值模拟研究工作。李树刚[63、64]采用有限元方法对支承压力作用下煤体瓦斯运移的稳定渗流与非稳定渗流规律进行了计算，得出采用均衡的综放工艺，在一定程度上会减弱工作面前方富含瓦斯煤体的瓦斯大量高速涌出或涌出异常。

1.2.4　瓦斯爆炸机理研究

大多数工业国家对煤矿瓦斯爆炸机理都开展了大量试验研究，瓦斯的爆炸特性试验研究是随着气体的爆炸特性试验研究的发展而发展，但多集中在对爆炸传播机理及传播影响因素的研究上。单独针对瓦斯爆炸特性的试验研究相对较少。

有关可燃气体爆炸极限的研究[65]，国外进行的较早。1956 年，美国学者 Coward 及 Jones 在《气体和蒸汽燃烧范围》报告中最早提出测定气体与可燃蒸汽的爆炸极限[66]。1965 年，Zabetakis 采用传播法进行常压下气体爆炸极限的测定，将已配好的混合气体充入圆筒形或球形容器内，从端点点火，观测火焰是否扩展到整个容器内以确定爆炸极限，对可燃性气体及蒸汽的爆炸极限值做了修正，研究成果发表于《可燃性气体及蒸汽的可燃特性》。此后，日本、苏联等[67-72]一些国家也在美国矿山局装置的基础上进行了改进，这些装置的共同特点是：爆炸容器为管状，采用电火花点火，能广泛进行气体爆炸极限的测试，但不适用于研究气体的爆炸特性。

国内的一些研究机构也对可燃气体与蒸汽爆炸特性的测定做了大量研究：天津消防研究所设计了可燃气体或蒸汽在空气中爆炸极限值的测试装置，该装置的爆炸室为直径 1 m 的圆柱形容器，材质为硬质玻璃，点火系统采用交流电火花点火。沈阳消防研究所设计了航空煤油最小点火能测定装置，此套装置主要由配气系统、电气系统及爆炸室三大部分组成，爆炸室用有机玻璃制成，它采用的配气方式为预混式配气，点火方式为电容电火花点火。张景林[73-76]设计了可燃气体与蒸汽爆炸特性测试系统，该系统将可燃液体气化与蒸汽、空气预混，用引射器一次完成，成功地解决了可燃液体蒸汽配气过程中的关键技术问题。此外，中国科学院力学研究所、北京理工大学、煤炭科学研究总院重庆分院等分别建有可燃气体爆炸试验设备。这些试验设备不仅可测定可燃气体的爆炸极限和最小点火能，还可测定爆炸压力和压力上升速率。

目前国内外进行的瓦斯气体试验研究成果主要体现在以下 3 个方面：

（1）在正常情况下，瓦斯爆炸的最佳浓度为 9.5% 左右，而当瓦斯浓度大于 11% 和小于 6.5% 时，爆炸强度显著降低。

（2）爆炸空间几何形状和尺度对瓦斯爆炸有显著影响。德国弗·巴尔特克纳西特通过试验和理论分析证实，在同等条件下一端开口、一端闭合巷道内，且在闭合端点火时，爆炸最为强烈。原美国矿山局证实了瓦斯爆炸传播过程中尺度效应的存在，即传播空间的尺度对爆炸传播存在影响。

（3）点火方式对爆炸存在显著影响，主要体现在火源的个数、火源的能流密度和火源的位置等方面。试验证实，同等条件下，在独头巷道内分别在封闭端和开口端使用点火花点燃瓦斯，前者导致强烈爆炸，而后者则未发现明显的冲击波。

由于密闭容器内气体爆炸的试验研究危险性大、试验费用高，大规模试验的难度较大，目前试验只是得到部分可燃气体爆炸时的最大压力和压力上升速率，对于可燃气体爆炸过程的压力、温度、密度等流场参数很难由试验测得。因此，继续寻找有效的方法来了解密闭容器内可燃气体的爆炸特性是亟待解决的问题。

而在数值模拟方面[77]，对于燃烧过程的计算，VonKarman 在流体力学、反应动力学和数理方程的基础上就提出了化学流体力学的基本方程组。但是，由于方程数目多，且相互耦合并具有非线性特征，当时的数学发展水平既无能力论证这组方程解的存在性，也无能力给出一般情况下的解析解。随着计算机技术的发展，促进了燃烧理论和数值方法的结合[78]。斯波尔丁在 20 世纪 60 年代后期首先得到了层流边界层燃烧过程控制微分方程的数值解，但在分析实际燃烧过程时，却遇到了处理湍流问题的困难，迫切需要建立湍流输运和描述湍流与燃烧相互作用的数学模型[79]。为了解决这一难题，斯波尔丁和哈洛（Hartow）继承和发展普朗特（Prandtl）、柯尔莫果洛夫（Kolmogorov）等创立了“湍流模型方法”，提出了一系列的湍流输运模型和湍流燃烧模型，在一定条件下完成了湍流燃烧过程控制方程组的封闭。在对描述湍流燃烧过程的定解问题进行离散化和求解的过程中，发展了各具特色的数值方法和计算程序，得到了一大批描述基本燃烧现象和实际燃烧过程的数值解。

随着燃烧数值计算研究的深入，众多学者对快速燃烧爆炸现象也开展了相应的研究[80]。Taylor 把火焰阵面看成活塞且速度为常数，从而得到了强点火源下爆炸现象的自相似解。Wielkema 提出了 Blast 气体爆炸模型[81]，并在该爆炸模型中引进了一个三角函数作为能量释放率，得到了爆炸场的数值解，但结果与试验数据有一定的差距。Kuhl[82]和 Stenholm 等分别基于自模拟解与声速近似的方法，将火焰阵面、激波视为内边界，对因火焰传播而产生激波问题做了研究。Chi 等则首次引入数值解法，采用 Lax - wendroff 格式，对煤矿巷道内瓦斯火焰传播及其诱导激波过程进行了数值模拟。但在以上模型中，膨胀系数与火焰燃烧速度都运用了经验公式，在火焰阵面的处理上，仅运用了动量与质量守恒方程，因而具有明显的局限性。随着计算机技术的发展，计算流体力学（CFD）方法受到青睐，从理论上来讲，它能够对气体爆炸的过程进行细致的模拟。但是，数值模拟也有其自身的局限性：首先，要有准确的数学模型，对于不少问题，在其机理尚未完全搞清楚之前数学模型很难准确化，经常要借助各种半经验性的模型，这就大大地影响了数值模拟的正确性和可靠性；其次，数值模拟中对数学方程进行离散化处理时，需要对计算中所遇到的稳定性、收敛性等进行分析。这些分析方法大部分对线性方程是有效的，而对非线性方程来说只有启发性，并没有完整的理论；对于边界条件影响的分析，困难更大一些，计算方法本身的正确性与可靠性要通过实际计算加以确定。为了验证计算结果的正确性，通常要与相应的试验研究结果进行比较。有些问题虽然已经有了成熟的数学模型，但达到完全实现数值模拟仍有一定的差距。

1.2.5 煤自燃与瓦斯爆炸研究发展趋势

随着矿井气体监测技术的发展、瓦斯监测的规范化以及井下通风系统的优化，在回采空间中，正常生产条件下发生瓦斯爆炸[83]事故已几乎不可能。以杨永辰、崔景昆等为骨干的研究团队，针对近些年来发生的瓦斯爆炸事故开展了统计分析，发现现阶段煤矿发生瓦斯爆炸事故与采空区煤炭自燃具有密切联系，而与矿井的瓦斯等级并无明显的对应关系。对于高瓦斯、无自燃矿井而言，例如阳泉矿区各煤矿，极少发生瓦斯爆炸事故；而对于自然发火严重的矿井而言，例如张家口、七台河等矿区煤矿，发生瓦斯爆炸事故的概率较高。以上规律表明，采空区煤自燃与瓦斯爆炸具有较高的相关性，是开展瓦斯爆炸机理研究的重要支承，也是更深入理解现阶段瓦斯爆炸机理的重要前提。基于团队已有研究成果，已初步判定煤炭自燃与瓦斯爆炸间的关系，但由于影响自然发火和瓦斯浓度分布规律的因素众多，煤自燃与瓦斯爆炸间的关系较为复杂，其发生机理有待进一步深入探究。基于此，本研究针对采空区自然与瓦斯爆炸发生机理开展研究，为预测预报采空区瓦斯爆炸提供新的思路。

1.3 研究方法和研究内容

通过上述分析，开展“煤矿采空区瓦斯爆炸地点的预测预报研究”。通过分析瓦斯爆炸的条件及影响因素和对采空区煤炭自燃和瓦斯运移规律及工作面通风对瓦斯运移的影响进行分析，从而对采空区瓦斯爆炸地点进行预测预报，为防控采空区瓦斯爆炸提供理论支持和技术参数。本研究的主要内容如下：

（1）自然发火点定位研究。主要采用现场温度监控和实验室自然发火模拟开展研究。在现场监测方面，首先搭建巷道周围煤体温度监控系统平台，在深部煤体埋设传感器，同时在地面建立监控系统平台，监测其温度变化规律；其次，通过矿用本安型红外热成像仪，扫描巷道表面煤体温度，预测采空区的高温火点。在实验室尺度，基于实际地质和开采条件，利用大型煤自然发火实验模拟平台对煤炭自燃规律进行相似模拟。针对以上研究内容，具体工作如下：

① 选取张家口矿业集团正明煤业公司综采工作面为工程背景。该矿煤层自然发火期较短、自然发火现象严重（Ⅰ类自燃矿井），多次出现巷道火灾现象，适合作为本课题的研究。同时，张家口是河北省瓦斯爆炸的高发区，仅 2018 年就发生了 3 起（宣东矿、胡庄二矿、兴隆山矿）瓦斯爆炸事故。收集基本地质赋存条件、巷道掘进工艺及进度安排等资料，以此确定掘进揭露煤层后的氧化时间。为保证试验结果的正确性，确定采样点的位置后，根据采掘时空关系选定采样点，并对所采样品立即密封，同时检测工作面的气候条件（温度和湿度等）。

② 将采集的煤样运回实验室，在实验台上进行煤样自然发火期的模拟研究，并记录各采集点煤样自然发火期的相关参数。同时用气相色谱仪对容器中的气体成分进行监测。通过上述试验研究可以获得以下结果：各煤样的温度与时间变化曲线；计算工作面煤层的自然发火期；预测采空区内自燃区域和可能出现的发火点以及自燃危险区域与工作面的空间位置关系；根据试验中检测到的气体成分，确定工作面煤层自然发火的标志性气体，并建立定量指标，估算参与自燃的煤炭体量，为预测预报提供可靠的依据。

（2）基于对采空区瓦斯流场的模拟，根据渗流原理和工作面通风对瓦斯的携带作用，找到瓦斯浓度梯度分布规律和运移规律。采用实验室相似模拟试验对采空区瓦斯流场分布进行研究。其中，采空区瓦斯流场实验台的研制是本研究需要解决的首要问题。

（3）通过对瓦斯爆炸产生的爆轰波在采空区内的传播规律进行模拟研究，得出瓦斯爆炸的安全距离。选用合适的钢管（其长度根据试验结果随时进行调整），用不同粒径的岩石填充入钢管内，一端注入浓度为9.5%的瓦斯气体。同时沿钢管布置5组温度、压力传感器进行监测，并在不同位置放置小白鼠，并观察瓦斯爆炸对其生存状况造成的影响。本研究的目的主要是为了模拟得到瓦斯爆炸产生的能量在采空区传播的距离及衰减规律，对采空区深部瓦斯爆炸可能对回采空间内的工作人员造成的伤害程度进行评估，同时也为采取隔爆措施的最短安全距离提供设计依据。为了完成上述研究内容，需搭建爆炸传导试验系统。

（4）其他内容研究主要包括：

① 根据上述试验的结果运用数理统计和未确知集对影响预测结果的因素进

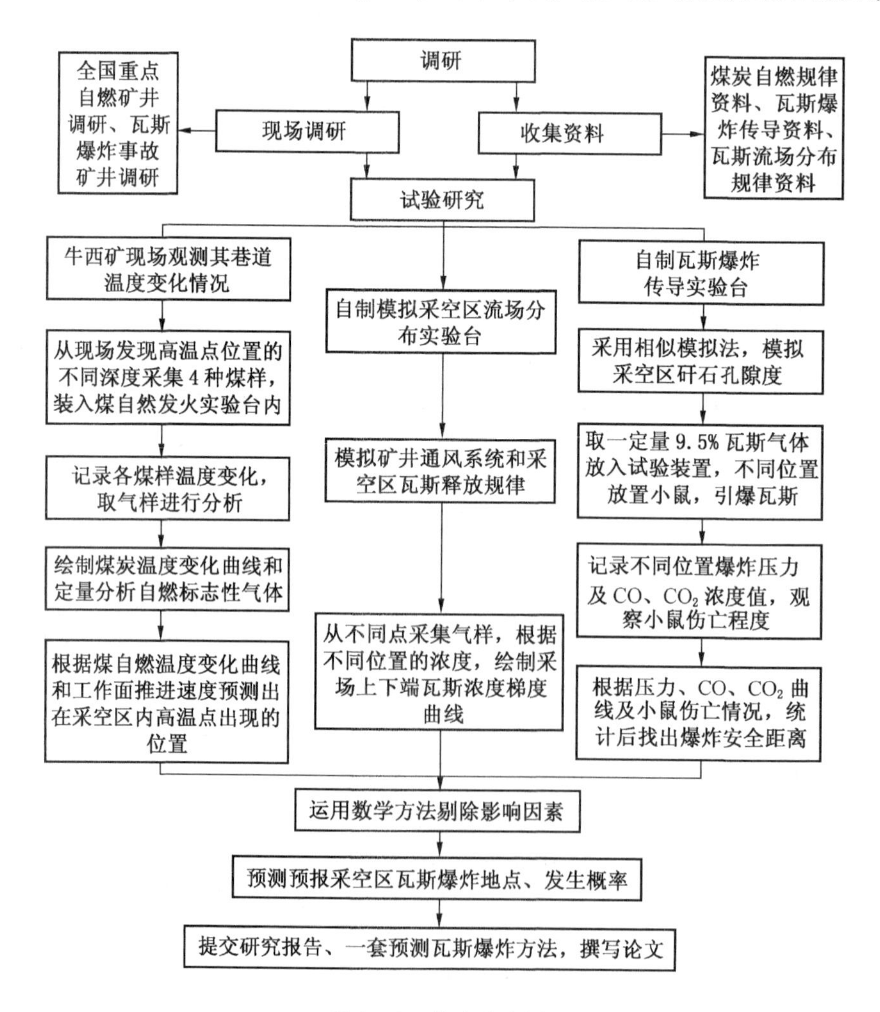

图1-2 技术路线图

行甄别和计算，以提高预测结果的精度。在此研究中，由于无法准确掌握煤炭自燃和一些可变因素所处状态的真实情况，为了定量描述煤炭自燃和一些可变因素处于何种状态或程度，须采用未确知集理论的相关知识。在信息不完整，未确知条件下，如何定量描述这种程度存在一定的复杂性。但可以根据问题的背景和已有的经验知识，基于实测数据，采用估计、统计或其他方法具体量化这种程度。事实上，程度不同体现了数量不同，数量不同就可以进行一种间接测量。可构造某种“测度”来表示对“程度”的测量结果。根据已有条件建立可测空间，符合达到某种测度的要求，通过未确知集的运算和对未确知测度函数的构造，反复推演和实践，使所构造的某种测度具有相应的某种概率性质，从而达到判别量化瓦斯爆炸发生概率的目的。

② 将矿压的相关理论知识同本研究相结合，分析采空区顶板垮落后形成的瓦斯扰流及挤压，量化其影响程度。

本研究面向采空区瓦斯运移规律和煤炭自燃的研究现状，通过模拟试验研究自然发火规律，并确定采空区自然发火区域；对采空区瓦斯进行三区划分，通过建立数学模型，探讨预测预报采空区瓦斯爆炸地点的研究方法。针对以上研究内容，所采用的研究方法主要有物理试验、现场数据测定、数学模型建立、计算机模拟等几部分。本文采用的技术路线图如图 1－2 所示。

2 煤自燃机理研究

2.1 煤自燃机理

由于其沉积时间、变质程度以及周围环境等条件的不同，煤并不是单一的均质体，不同种类的煤炭其化学成分、物理性质、孔隙结构等均有较大差别，这些差异的存在导致煤自燃过程的复杂性。根据已有研究成果可知，煤自身的结构特征及外在条件是影响煤自燃的决定性因素。自身结构特征主要是取决于煤的分子结构单元中活性基团的数量种类和分子的空间结构特性。外在条件主要指煤炭所处环境的蓄热和散热条件。

针对煤自燃的发生机理，国内外学者开展了大量研究，所采用的主要研究方法有：

（1）利用热分析技术研究煤自燃机理。

（2）从煤的活化能着手研究煤自燃机理。

（3）从煤分子结构模型着手研究煤自燃机理。

（4）从煤氧化学反应和表面反应热的角度研究煤自燃机理。

（5）从煤岩相学角度研究煤自燃机理。

自17世纪开始研究探索煤自燃问题以来，提出了多种煤炭自燃学说，主要有黄铁矿导因学说、细菌导因学说、酚基导因学说及煤氧复合作用学说等。

2.1.1 黄铁矿导因学说

该学说最早由英国学者Plolt和Berzelius于17世纪提出，是第一个试图解答煤自燃原因的学说。它认为煤自燃是由于煤层中的黄铁矿（FeS_2）与空气中的水分和氧相互作用放出热量而引起。另外，黄铁矿在井下潮湿的环境里被氧化产生SO_2、CO_2、CO、H_2S等气体的反应，也都是放热反应。因此，在蓄热条件较好的条件下，这些热量将使煤体升温，导致煤自热与自燃。

除了与氧气反应释放热量，黄铁矿在氧化过程中还将产生显著的体积膨胀，对相邻煤体产生破坏作用，使煤体内部裂隙增多，与空气的接触面积进一步增大，导致煤的氧化反应更为剧烈。此外，由于硫的着火点温度较低（200 ℃左右），易于自燃，同时FeS_2产生的H_2SO_4使煤体处于酸性环境中，也能促进煤的氧化自燃。在19世纪下半叶，黄铁矿学说曾被广泛接受。随后大量的煤炭自燃实践证明，大多数的煤层自燃是在完全不含或极少含有黄铁矿的情况下发生的，但该学说无法对此现象做出解释，因此具有一定的局限性。

2.1.2 细菌导因学说

1927年，英国学者帕特尔提出了细菌导因学说解释煤自燃现象，他认为在细菌的作用下煤体发酵，放出一定热量，这些热量对煤自燃起到决定性的作用。1934年，部分学者认为煤自燃是细菌与黄铁矿共同作用的结果。1951年，波兰学者杜博依斯等人在考查泥煤的自热与自燃时指出：当微生物极度增长时，通常伴有放热的生化反应过程。30 ℃以下是亲氧的真菌和放线菌起主导作用，在放线菌的作用下，泥煤的自热可达到60～70 ℃；60～65 ℃时，亲氧真菌死亡，嗜热细菌开始增长；72～75 ℃时，所有的生化过程均遭到破坏。为考察细菌导因学说的可靠性，英国学者温米尔与格瑞哈姆曾将具有强自燃性的煤置于100 ℃真空容器中达20小时，在此条件下所有细菌都已死亡，然而煤的自燃性并未减弱。因此，细菌导因学说也无法完全解释煤的自燃机理，未能得到广泛认可。

2.1.3 酚基导因学说

1940年，苏联学者特龙诺夫认为，煤的自热是由于煤体内不饱和的酚基化合物强烈地吸附空气中的氧，同时放出大量热量所致。提出酚基导因学说的主要依据是，在对各种煤体中的有机化合物进行试验后，发现煤体中的酚基类物质最易被氧化，不仅在纯氧中可被氧化，还可与其他氧化剂发生作用。故特龙诺夫认为，正是煤体中的酚基类化合物与空气中的氧作用而导致了煤自燃。在其氧化反应中需要较激烈的反应条件（如持续升温、化学氧化剂等），这就使得反应的中间产物和最终产物在成分和数量上都可能与实际有较大的偏移。此学说的实质是认为煤与氧的耦合作用是导致煤自燃的根本原因，是煤氧复合作用学说的先导。但酚羟基导因作用是引起煤自燃的主要原因的观点并不能够完全解释所有煤自燃现象，有待进一步探讨。

2.1.4 煤氧复合作用学说

1870年，瑞克特（Rachtan · H）经试验得出，煤在24小时内的吸氧量为0.1～0.5 mL/g，其中褐煤为0.12 mL/g。1945年，姜内斯（Jones E. R.）提出常温下烟煤在空气中的吸氧量可达0.4 mL/g，该结果与美国学者约荷（Yohe G. R.）在1941年对美国伊利诺斯煤田的煤样试验结果相近。20世纪60年代，煤炭科学研究院抚顺研究所通过大量煤样分析，确定了当100 g煤样在30 ℃的条件下，经96小时，吸氧量小于200 mL时属于不易自燃煤，超过300 mL时属于易自燃的煤。以上试验结果表明，低温时，煤的吸氧量越大越容易自燃。1951年，苏联学者维索沃夫斯基（Bn. B. C.）等提出，煤的自燃正是自身加速氧化过程的最后阶段，但并非任何一种煤的氧化都能导致自燃，只有在稳定、低温、绝热条件下，氧化过程的自身加速才能导致自燃。

根据煤氧复合作用理论，煤自燃过程中煤和氧的相互作用方式主要有吸附氧化和自由基链反应两类。吸附氧化机理认为煤炭低温吸氧过程有3种途径：物理吸附、化学吸附和化学反应。在常温下以物理吸附为主，当温度上升到某一点时，以化学吸附和化学反应为主。自由基链反应机理认为在外力作用下，煤体破碎产生裂隙造成煤分子的断裂，并生成大量的自由基，当有氧气存在就会发生氧化反应，进而产生热量导致煤自燃。

煤氧复合作用学说能够较好地解释煤自燃过程，因而得到大多数学者的认同。物体燃烧需要氧气的参与，且煤对氧的吸附已经过大量试验证实，当煤自燃时主要参与物是煤和氧气。表面的吸附即所谓的物理吸附其产生的热量较少，然而化学吸附以及与其相伴随的煤氧化学反应可以放出相当多的热量。煤炭自燃机理的研究主要采用煤氧复合作用学说作为理论基础。

2.2 煤自燃的条件及影响因素

2.2.1 煤炭自燃条件

煤炭自燃是煤所具有的共性之一，只是不同煤种具有不同的呈现，不同的条件具有不同的反应。一般认为煤炭自燃发生的充要条件如下：

（1）具有自然发火倾向性的煤以破碎堆积状态存在，即浮煤状态条件，且堆积厚度一般要大于0.4 m。

（2）具有良好的蓄热环境。

（3）存在适宜的通风条件（称为氧气浓度分布条件），有适量的通风供氧。通风是维持较高氧浓度的必要条件，是保证氧化反应持续进行的前提。试验结果显示，氧浓度大于15%时，煤炭氧化可较快进行。

（4）上述3个条件在同一地点必须同时存在足够长的时间（超过煤的自然发火期），称为煤自然发火的时空条件。时空条件可以解释为浮煤分布区、高氧浓度区、易自燃风速区，三区必须重叠足够长的时间。

上述4个条件缺一不可，前三条是煤炭自燃的必要条件，最后一条是充分条件。

2.2.2 煤炭自燃过程

煤炭的自燃过程按其物理化学变化特征，分为潜伏（准备）期、自热期和燃烧期3个阶段，如图2-1所示。图中，虚线为风化进程线，潜伏期和自热期之和为煤的自然发火期。

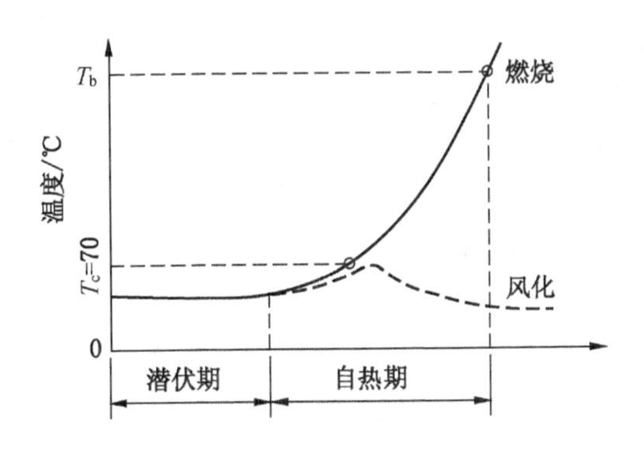

图2-1　煤自燃过程温度与时间关系图

1. 潜伏（准备）期

自煤层被开采接触空气起至煤温开始升高的时间区称之为潜伏期。在潜伏期，煤与氧的作用是以物理吸附为主，放热较小，无宏观效应。潜伏期后，煤的燃点降低，表面颜色变暗。潜伏期长短取决于煤的分子结构、物理化学性质。通过调整煤的破碎和堆积状态、散热和通风条件等，可延长潜伏期。

2. 自热期

温度开始升高起至温度达到燃点的过程叫自热期。自热过程是煤氧化反应自动加速、氧化生成热量逐渐积累、温度自动升高的过程。其特点包括：

（1）氧化放热量较大，煤温及其环境（风、水、煤壁）温度升高。

（2）产生CO、CO_2和碳氢（C_mH_n）类气体产物，并散发出煤油或其他芳香气味。

（3）有水蒸气生成，火源附近出现雾气，遇冷会在巷道壁上凝结成水珠，即出现所谓“挂汗”现象。

（4）煤微观结构发生变化。在散热阶段，若改变了散热条件，使散热大于生热或限制供风，也使氧浓度降低至不能满足氧化需要，则自热的煤温度降低到常温，称之为风化。风化后煤的物理化学性质发生变化，失去活性，不会再发生自燃。

3. 燃烧期

煤温达到燃点后，若能得到充分的供氧（风），则发生燃烧，出现明火。这时会生成大量高温烟雾，其中含有 CO、CO_2 和碳氢（C_mH_n）类化合物。若煤温达到自燃点，但供风不足，则只有烟雾而无明火，即为干馏或阴燃。煤炭干馏或阴燃与明火燃烧略有不同，CO 的生成量多于 CO_2，温度也更低。

2.2.3 煤炭自燃影响因素

煤自燃过程实质是煤氧作用产热与环境散热这对矛盾运动发展的过程。下面从煤自燃的内因和外因来分析影响煤自燃的因素。

1. 煤的变质程度

煤的自燃倾向性受到变质程度的影响。按照煤炭变质程度从低到高分类，可分为褐煤、烟煤、无烟煤。一般而言，变质程度越低，煤的自燃倾向性越强。这主要是由于变质程度高的煤中固定碳含量较高，所含氧氢等元素有所下降，从而其中所含活性基团减少，即可在低温下参与氧化反应的能力减弱。

2. 煤岩组分

煤是一种有机生物岩，根据颜色、光泽、断口裂隙、硬度等性质的不同，用肉眼观察可将煤分为镜煤、亮煤、暗煤、丝炭。其中，镜煤和丝炭是简单的宏观煤岩成分，亮煤和暗煤是复杂的宏观煤岩成分。关于不同煤岩组分其氧化难易程度的分类，目前没有统一观点：一种观点认为对于同一煤阶变质程度相同的煤，丝炭有较高的孔隙率易破碎，因此更易于吸氧而发生氧化和自燃；而一些学者通过试验从氧化速度、着火点等方面说明了在同一煤阶镜质组更易氧化、自燃，而薄层状丝炭的存在会加大镜煤的自燃倾向性。煤岩学分类是从物理的角度来分类的，根据前面对煤炭氧化、自燃反应机理的探讨，煤炭的化学组成和物理结构都对其氧化和自燃产生影响。从物理的角度考虑，有效孔隙率和有效表面积的增大，将更易于氧化；从化学结构的角度考虑，氢氧含量高的煤含有更多的活性基团，更易于被氧化。丝炭同镜煤相比氢含量低，但碳含量和孔隙率更高。因此，不同煤岩组分的煤氧化难易程度取决于碳含量和孔隙率的对比及竞争关系。同一煤阶的不同煤岩组分应通过试验测试才能准确判断其自燃倾向性。

3. 粒径和物理结构

Nugroho[84]通过研究发现高阶炭比低阶炭有更少的有效孔隙率。有效孔隙率指能吸附氧并与其发生反应的最小孔径及以上的孔隙占比。研究表明，10 nm 以上粒径对高阶炭有显著的影响，而对低阶炭的影响较小。造成这种现象的主要原因可归结为低阶炭孔隙率高、内表面积大，粒径的减小对其内表面积造成的影响较小；而高阶炭孔隙率低、内表面积小，减小粒径会对其内表面积造成较大影响。因此，高阶炭的粒径越小氧化性越强。

4. 含水量

水分对煤氧化能力的影响存在一定争议：一方面，水的劈裂作用对煤的完整性有一定破坏作用，增加煤体内部空隙和裂隙，增加比表面积，促进煤氧化；另一方面，碎煤在水的毛细作用下被润湿，水分将占据一定的孔隙和裂隙。当水分充足时，可在表面形成水膜，阻碍氧在碎煤中的扩散和煤与空气的接触，这种情况下水对煤的氧化和自燃起到阻化和抑制作用。因而，煤体所含水分不同，对自燃影响的总结果存在差异，有时起阻化抑制作用，有时起催化促进作用。

5. 风流及氧含量

风流的不稳定对采空区浮煤自燃有促进作用。风流不稳定既可扩大采空区氧化自燃的区域（增加氧化自燃带的宽度），使采空区发火的概率增大，又可为采空区浮煤氧化和聚热升温提供条件（呼吸供氧），加剧浮煤自燃。显而易见，空气中氧浓度越高，煤炭达到吸附平衡时煤中所吸附的氧越多，越容易引起煤炭自燃。采空区氧浓度和漏风有关，根据对采空区氧浓度变化规律的研究，将煤矿采空区划分为非渗流区、强渗流区和弱渗流区，如图 2－2 所示。

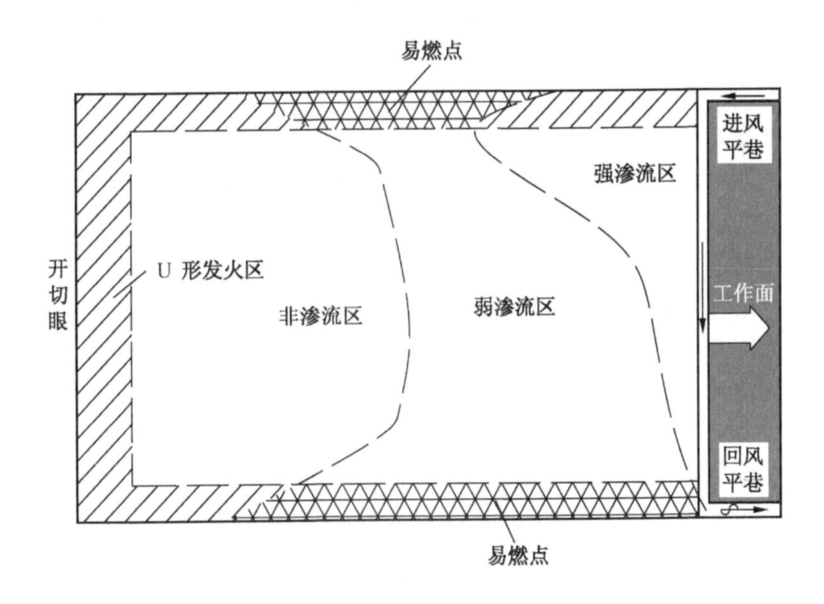

图 2－2 煤矿采空区域划分示意图

6. 地温

地温越高，煤层的原始温度和煤体周围岩层温度也越高。地温的升高提升了蓄热条件，导致煤体与工作环境风流的温差增大，同时也增大了漏风供氧动力。热风压导致煤体自身的耗氧速度和氧化放热强度增加，即煤体氧化放热性能增强，最终导致煤体自燃危险性增大。

综上所述，影响煤炭自燃的因素中煤的变质程度、煤岩组分、粒径和物理结构为内因，地温、含水量、风流及氧含量为外因，其他还有诸如开采条件的影响等，无论哪一种影响因素都可从3个方面去考虑煤炭自燃的影响，即氧化放热性能、自燃蓄热和供氧条件。

2.3 煤自燃指标气体预报技术

煤炭自燃指标气体的预报，是根据井下巷道中某些气体的存在及其浓度来识别是否存在煤炭自燃及自燃的发展阶段和严重程度。指标气体法利用煤自身氧化释放的气体进行预报，目前作为主要预报手段已得到了广泛应用。

自燃指标气体是指能预测和反映煤炭自然发火状态的某种气体，这种气体的产生率随煤温的上升而发生规律性变化。从煤的自燃机理可知，煤在氧化升温过程中会释放 CO、CO_2、烷烃、烯烃以及炔烃等气体。CO 贯穿于煤自然发火的整个过程，温度一般在 50 ℃以上就可测定出来，出现时浓度较高，烷烃（乙烷、丙烷）出现的时间几乎与 CO 同步，贯穿于全过程，但其浓度低于 CO，而且在不同煤种中有不同的显现规律；烯烃气体较 CO 和烷烃气体出现的晚，乙烯在 110 ℃左右能被测出，是煤自然发火进程是否进入加速氧化阶段的标志气体，在开始产生的浓度上略高于炔烃气体；炔烃气体出现的时间最晚，只有在较高温度段才出现，与前两者之间有一个明显的温度差和时间差，是煤自然发火进入激烈氧化阶段（燃烧阶段）的产物。因此，在这一系列气体中，选择哪些气体作为指标气体，便能可靠地判断自然发火的征兆是至关重要的。

煤在氧化升温过程中释放的气体因煤的种类、煤岩性质、地质条件等内外因素的不同而有差别，如何选择一种合适的指标气体，主要基于以下几个原则：

（1）灵敏性。煤矿井下一旦有煤炭自燃倾向或煤温超过一定值时，该气体一定出现，其生成量与煤温成比例，并且检测到的温度要尽可能低。

（2）规律性。同一煤层、同一采区的各煤样在热解时出现指标气体的最低温度基本相同（相差不超过 20 ℃），指标气体的生成量与煤温有较好的对应关系，且有重现性。

（3）可测性。现有检测仪器能够检测到指标气体的变化，且快速、准确。

目前，国内外煤矿在气体分析法的应用中，主要使用的自然发火指标气体见表2－1。

表2-1 各国选用的自然发火指标气体

国家名称	指标气体	
	主要指标气体	辅助指标气体
俄罗斯	CO	C_2H_6/CH_4
中国	CO、C_2H_2、C_2H_4	$CO/\Delta O_2$、C_2H_6/CH_4
美国	CO	$CO/\Delta O_2$
英国	CO、C_2H_4	$CO/\Delta O_2$
日本	CO、C_2H_4	$CO/\Delta O_2$、C_2H_6/CH_4
波兰	CO	$CO/\Delta O_2$
德国	CO	$CO/\Delta O_2$
法国	CO	$CO/\Delta O_2$

由表2-1可知，目前国内外可作为煤自然发火的指标气体主要有CO、C_2H_6、CH_4、C_2H_4、C_2H_2、ΔO_2（ΔO_2为氧气消耗量）等及其生成的辅助指标气体。其中，CO因其在整个煤炭自燃过程中生成时间早、产生量大、产生速度快，几乎被所有国家采用作为指标气体。早在“七五”期间，国家攻关项目《各煤种自然发火标志气体指标研究》的研究中，对我国各矿区有代表性的煤种进行了自然发火气体产物的模拟试验，得出了指标气体与煤种及煤岩之间的关系如下：

（1）随着煤种的不同，煤自然发火氧化阶段（缓慢氧化阶段、加速氧化阶段、激烈氧化阶段）的温度范围、气体产物和特性都不同。

（2）根据各煤种在缓慢氧化阶段所生成的气体产物，优选气体指标判定煤炭自燃。根据试验测试，褐煤、长焰煤、气煤、肥煤以烯烃或烷烃比为首选，以CO及其派生的指标为辅，而焦煤、贫煤和瘦煤则以CO及其派生的指标为首选，C_2H_4或烯烷比为辅；无烟煤和高硫煤唯一依据是CO及其派生指标。

（3）C_2H_4可用于气体分析法中表征低变质程度煤着火征兆的灵敏指标，同时也可用作判断煤自然发火熄灭程度的指标；C_2H_4和C_2H_2比值可以更准确地表征煤着火温度的最高温度点，结合其他参数可用于判断着火前的时间。

以下针对各指标气体预测煤自燃的机理及其特点进行说明。

1. 一氧化碳（CO）

CO指标气体主要是碳氧化合物。研究统计表明，煤在常温下就有CO析出。许多矿井的现场实践也证明，由于在生产过程中煤体发生摩擦断裂，增加了煤体的表面活性，因此在低温下也能检测出一氧化碳，而且有时数值较大。CO 产生量随煤温的升高呈指数关系迅速增加。CO 是检测煤炭早期自然发火非常灵敏的指标气体，通常用其绝对量和相对量来进行预报，其预报临界值可根据煤样热解规律和煤实际自燃监测气体数据统计获得。但毫无疑问，由于 CO 的发生温度比较低，温度范围宽，绝对发生量大，只要井下巷道中检测出 CO 气体持续存在且其浓度不断稳定增加，就可初步判断出此测点风流的上风侧产生了高温点或自燃火源。

一氧化碳是一种灵敏的指标气体，但它涌出的温度范围宽，于是预报时只需要根据它的绝对量与相对量来判断。就现场应用来说，考虑到现场的特定环境，特别是煤的自燃多数发生在采空区或煤柱中，受漏风条件的影响较大，获得煤自燃后确切的 CO 浓度较为困难，使检测到的 CO 浓度与煤温之间的关系不明确。同时，由于出现 CO 的煤温变化范围较大，使得预报自燃变得复杂，不易准确判定煤的氧化阶段，易产生误报和漏报，所以单纯用 CO 难以真实反映煤体的温度变化。

2. 链烷比

煤在升温过程中，烷烃气体的产生量包含煤样中解吸、氧化分解以及高温下煤裂解 3 个部分，其释放规律与煤样温度和烷烃碳原子数有关。研究表明，烷烃气体组分释放时的煤温度值随碳原子数的增加而增高；当进入加速氧化阶段后，碳原子数越多的烷烃释放速度（单位质量煤样单位温升下的释放量）越快。

目前主要有两类典型的链烷比：与甲烷之比（C_2H_6/CH_4、C_3H_8/CH_4、C_4H_{10}/CH_4）及与乙烷之比（C_3H_8/C_2H_6、C_4H_{10}/C_2H_6）。利用链烷比作指标时，一般可用带氢火焰离子化鉴定器的色谱仪分析链烷浓度。但当甲烷浓度过大时，甲烷色谱峰会产生严重的拖尾，把含量较小的乙烷、丙烷峰掩盖住，造成分析困难，需要选用高效的固定相才能解决。

3. 烯烃

烯烃也是在煤达到某一温度后产生的氧化产物，主要有乙烯、丙烯和丁烯。乙烯是煤氧化分解及受热裂解的产物，只有在煤进入加速氧化阶段，其产生量才能达到乙烯的检测限。乙烯的出现是煤进入加速氧化阶段的一个重要标志，对于那些需要在 110 ~ 170 ℃范围内发出预报的煤种，烯烃是最好的指标气体。许多国家主张在测定 CO 的同时，测定乙烯（C_2H_4）浓度。

4. 二氧化硫（SO_2）

煤中硫对煤的自然发火影响很大，并在氧化过程中产生 SO_2、H_2S 等气体，其中 H_2S 量很少，检测困难，SO_2 量较多且比较容易检测。SO_2 的产生温度在 35 ~

65 ℃之间。煤的含硫量在3%以上即为高硫煤，可用SO_2气体作为煤自然发火预测预报指标气体。低硫煤用SO_2作为指标气体则不合适，所以用SO_2作为煤自燃的指标气体局限性较大。

指标气体与煤种间的关系见表2－2。从表中可以看出，不同煤种产生CO、C_3H_8和C_2H_4指标气体的温度存在较大差异；褐煤、长焰煤、瘦煤、焦煤、无烟煤产生C_2H_6指标气体的温度较接近，在104～113.5 ℃之间。

表2－2　指标气体温度与煤种关系统计表　℃

指标气体	褐煤	长焰煤	气煤	肥煤	焦煤	瘦煤	贫煤	无烟煤
CO	46	54.6	56.0	75	90.9	95	98	104
C_2H_6	104	109.0	79.8	66	113.5	105	124	104
C_3H_8	130	132.0	79.8	126	157.7	105	98	104
C_2H_4	104	109.0	123.2	126	135.5	—	146	151

在采用指标气体预报时，应注意如下问题：

（1）通过现场应用统计情况来看，自然发火早期预测预报的温度范围越低越好，一般在70～120 ℃范围内为宜。

（2）实验室的条件只能说明温度与指标气体的对应关系，而现场环境与之有一定的区别，自燃区域自热源的发热煤量及其生成气体的多少、漏风量的大小对生成的气体浓度会产生一定的影响。在现场检测到的气体浓度与实验室给定的温度对应关系会有一定的偏差，一般情况下要高于实验室所给定的温度。

（3）由于受矿井漏风量和巷道风量的影响，指标气体的浓度较低，而在煤温较低时CO、C_2H_4的生成量较少，致使风流中的气体浓度无法达到现有检测仪器的精度，造成漏报现象。因此，应采用新技术和设备提高预报精度。

2.4　CSC－1200型自然发火实验台研制

河北工程大学杨永辰科研团队于2007年自主研发了自然发火实验台（CSC－1200型），用于模拟和监测煤炭自燃过程及多物理量的连续变化。该实验台由试验系统、测控系统及气体检测分析系统三部分组成。该实验台最大的优点是可以同时模拟4种煤样的自然发火全过程。其优势在于提高了试验效率，有助于试验样品的对比研究，并大大加强了同条件下试验结果的准确性、真实性。另外该实验台的保温传热介质系统和国内其他的实验台有所不同，自然发火实验台普遍采用的保温传热介质是水，该实验台采用的是导热油进行煤温的跟踪，进而为煤样的蓄热创造良好环境。CSC－1200 型自然发火实验台的试验系统（图 2－3），它由煤样炉、控温油箱、油泵、空压机、供气管路、油路循环系统等部分组成，实验台结构如图 2－4 所示。

图 2－3　CSC－1200 型自然发火实验台

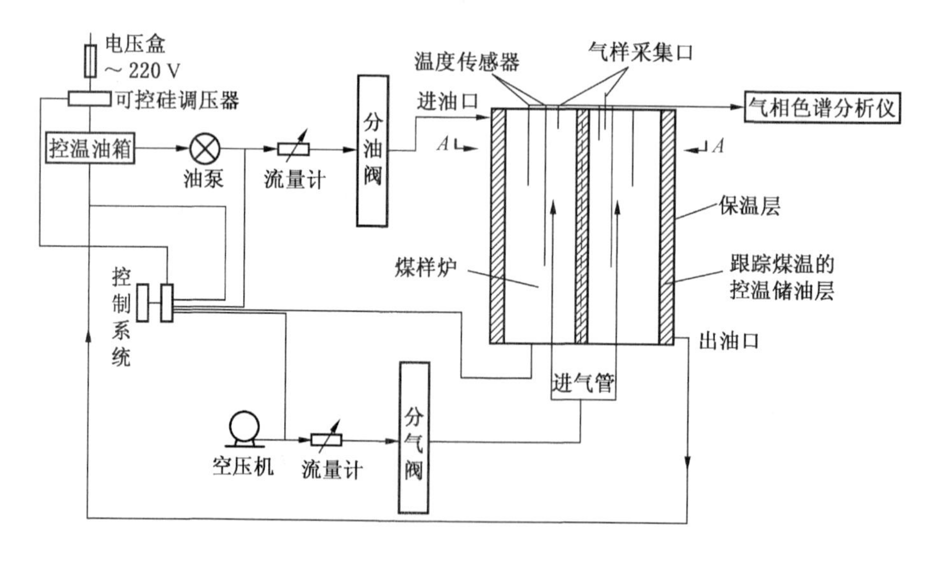

图 2－4　自然发火实验台结构图

2.4.1　煤样炉体结构

煤样炉体内部呈圆形，内部分成4个扇形部分，如图2－5、图2－6所示。其最大装煤高度1100 mm，内径1200 mm，其容积为1.2 t装煤量；顶部留有50～100 mm自由空间，以保证出气均匀，顶盖上留有排气口。其优点在于油的沸点较高（300～350 ℃），可以模拟煤自燃的全过程。温度条件对于以往煤炭自然发火试验是一个瓶颈问题，此条件对于良好解决煤炭自燃试验的层次和范围问题都将得到很大的提高。

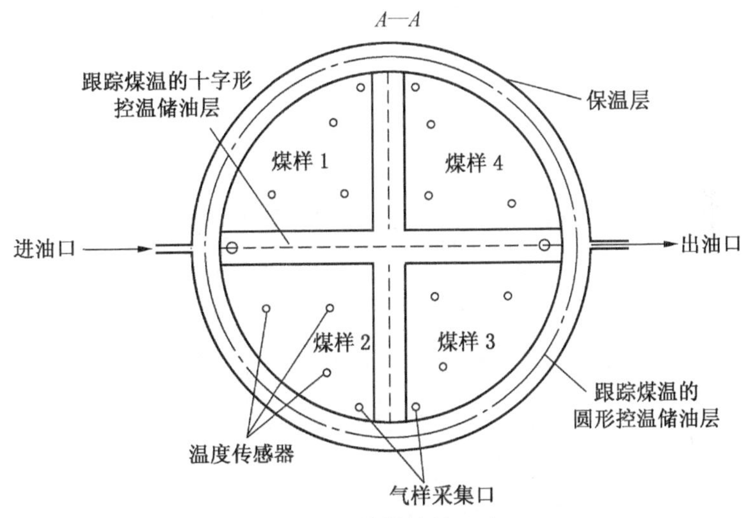

图2－5　煤样炉剖面图

图2－6　煤样炉实景图

2.4.2 煤温跟踪系统

由石棉保温层和储油层所组成的保温层，能够使炉内煤体处于良好的蓄热环境中。储油层内的导热油是由外部控温油箱经油泵、管路进行循环流动。同时，根据煤温的变化情况，可以实时地、自动地对导热油进行煤体温度的跟踪，其主要步骤是控温油箱内的加热棒通过炉体内温度传感器输送信号给计算机测控系统，经过程序的分析将处理信号反馈到可控硅调压器进行导热油温度的调控，从而达到停止对煤样加温，但能够与煤样的温度变化同步一致，降低煤温受外界温度的影响波动，显著减少炉内煤体的外向散热，煤温跟踪系统操控面板如图 2-7 所示。

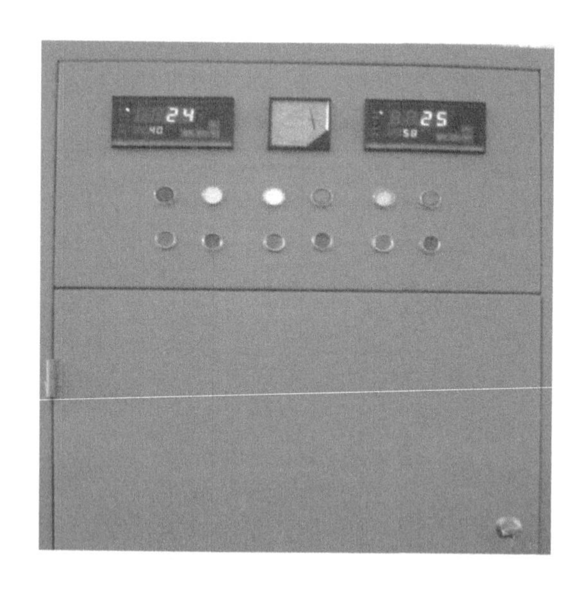

图 2-7 煤温跟踪系统操控面板

2.4.3 供气系统

煤样炉内分别埋设进气管、气体采样管等，其中进气管经过处理后，能够保证空气气流在同一时间内向试验煤样整体均匀供气，促使煤样的氧化进程同步。其供气系统流程如图 2-8 所示。

2.4.4 气体分析系统

气体检测分析系统（图 2-9）由两部分组成：一是便捷采集系统，通过手持式烟气分析仪和便携式 CO 报警仪及 CO_2 检测仪随时检测试验煤样的 O_2、CO、CO_2等气体含量；二是定期巡检，试验操作人员通过定期抽取炉内的气样，送至

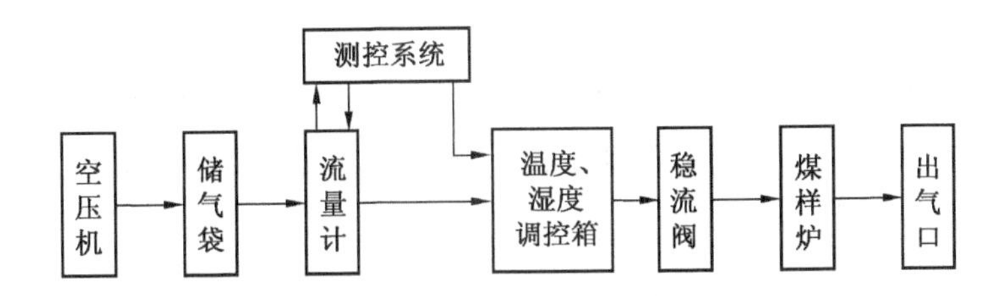

图2-8 供气系统流程图

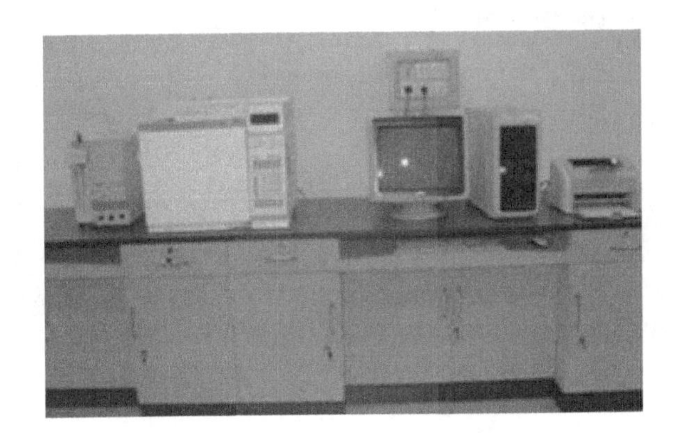

图2-9 气体检测分析系统

气相色谱仪分析气体成分和浓度，主要监测 O_2、N_2、CO、CO_2、CH_4、C_2H_6、C_2H_4 等气体的浓度。并通过采用微量气体浓缩吸附装置，使气相色谱仪对乙烯等指标气体的最小检测浓度扩大10～20倍。

气样分析系统选用美国Agilent公司6890气相色谱仪（Gas Chromatography），其主要技术指标如下。

（1）温度范围：室温为4～450 ℃。

（2）升温速度：0.1～100 ℃/min。

（3）程序升温：6阶以上。

（4）FID检测限小于5 pg C/s，线性动态范围不小于 1×10^7；

（5）ECD检测限小于0.008 pg/s，线性动态范围大于 5×10^5；

（6）FPD检测限小于3.6 pg S/s，小于60 fg P/s（十二烷硫醇/磷酸丁三酯混合物），动态范围大于 10^3 S，大于 10^4 P（十二烷硫醇/磷酸丁三酯混合物）。

2.4.5 测控系统

该实验台的测控系统采用的是美国 Intellution 公司的 iFIX 工业自动化软件、德国西门子股份公司 PLC 及台湾研华股份有限公司的控制模块组合控制系统，此系统可以实现监视管理、报警和自动控制等功能，大大提高了试验过程的方便性和可操纵性，如图 2-10 所示。

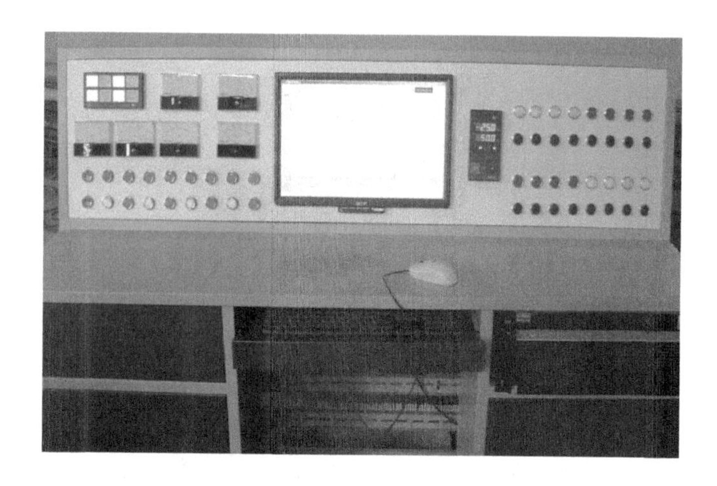

图 2-10 测控系统平台

2.5 煤自燃过程物理模拟试验研究

2.5.1 煤自燃过程物理模拟试验设计

1. 试验基本原理

煤自燃是在常温常压下，煤与空气中的氧自发反应升温、燃烧的过程。大量松散煤体同时接受漏风供氧，发生氧化放热，靠近围岩和漏风边界的煤体散热条件好，不易造成热量积聚；由于煤体不断地消耗氧气，风流渗透到离漏风边界较远的深部时，气流中的氧浓度已很小，煤自身的氧化放热强度小，也不易产生热量积聚。在距漏风边界一定距离的范围内，氧气浓度合适，蓄热条件好，热量易积聚，造成煤体自热升温。在供氧和蓄热条件最佳的区域，煤体升温速度最快，该区域周围的煤体升温速度依次减慢。升温过程开始是一个很缓慢的过程，随着煤温的逐渐升高，化学反应加剧，产生的热量增多，升温过程也加快。由于煤体内温差的不断加大，形成热力风压，漏风强度加大，同时受煤体内各点耗氧速度变化的影响，氧浓度分布发生动态变化，煤体内部的高温区域会发生移动。

若要从常温条件下开始真实地模拟煤的自燃过程，且试验周期尽量短，应创造与实际过程相似的、较好的供氧和蓄热环境。在实验室模拟煤自然发火过程，测试最短自然发火期，必须把握以下几点：

（1）要创造煤体能在常温下依靠自身氧化放热而引起升温的供氧和蓄热条件。

（2）实验台煤体的蓄热环境应类似于实际情况下大量松散煤体内首先引起自燃升温的高温区域。

（3）要确保较佳的煤体粒度，提供最有利于松散煤体自燃的漏风强度。

2. 试验设计

选取发生过煤层自燃的张家口下花园区落水滩长城煤矿（以下简称“长城矿”）作为研究对象，该矿煤层特点是发火期较短、自然发火现象严重，多次出现自燃迹象，适合作为研究煤炭自燃的样本。在该煤矿井下采集煤样共计 200 kg，取样地点和数量分别为工作面新鲜煤样 160 kg 和运输端头巷道表面取样 40 kg。取样后，用塑料编织袋封装新鲜煤炭并运至实验室。将工作面煤样用颚式破碎机破碎后装入实验炉，共装煤 120 kg（破碎煤样的粒度、频度分别见表 2－3），准备开始进行煤自燃模拟试验。

表 2－3 煤样粒度和频度分析结果表

粒度/mm	>7	7～5	5～3	3～0.9	<0.9
频度/%	27.97	8.42	13.73	12.50	37.36

装入煤样后，打开油阀向炉体的隔热层内注入保温油，启动总电源以及加热模块开关，启动试验控制程序，开始对保温油加热至井下温度。当温度达到设定值后，开启控制程序跟踪煤温变化，测控程序开启并定期监测煤样炉内的标志性气体变化情况。试验条件见表 2－4。

表 2－4 试 验 条 件

平均粒径/mm	试验煤高/cm	煤重/kg	块煤密度/($g \cdot cm^{-3}$)	视密度/($g \cdot cm^{-3}$)	孔隙率	供风量/($m^3 \cdot h^{-1}$)	起始温度/℃
5.26	120	120	1.395	0.998	0.309	0.1～0.3	25.3

3. 试验过程

试验全过程分为自燃升温、绝氧降温、供风复燃和二次绝氧 4 个阶段。

自燃升温：实验炉送入空气到结束，炉内最高煤温从 25.3 ℃升至 415.3 ℃，历时 68 天，观测煤体的自然发火过程。

绝氧降温：实验炉从停止供风后，炉内最高煤温从 415.3 ℃降至 20.8 ℃，历时 106 天，观测煤体的绝氧降温过程。

供风复燃：实验炉继续供风后，炉内最高煤温从 20.8 ℃升至 395.2 ℃，历时 20 天，观测煤体的供风复燃过程。

二次绝氧：实验炉再次停止供风后，炉内最高煤温从 395.2 ℃降至 47.1 ℃，历时 60 天，再次观测煤体绝氧降温过程。

通过煤自燃过程模拟试验得到，该煤样经过 68 天的自燃升温，煤样升高了 390.1 ℃，最终达到燃点，发生自燃。与煤层自然发火期的时间为 2 个月基本吻合。煤自燃升温过程中，炉内煤样各点温度及各种气体浓度均随时间、供风量和散热条件而变化。通过绝氧降温阶段的观察可知，由于实验炉的密封保温性较好，且室内温度较为恒定，则其在初始降温阶段（即从燃点开始）时温度下降速率较快，当煤温降至 250 ℃后，温度下降速度明显减缓，当煤温低于 170 ℃时，温度下将速率十分缓慢。通过供风复燃阶段试验可看出，即使炉内自燃火点的氧气浓度长期保持为低水平，打开通风后自燃火点区域仍会很快复燃，其复燃时间远小于自然发火阶段。

2.5.2 温度数据分析

1. 煤样自燃升温过程

实验炉内最高温度点及其温度变化率见表 2-5，升温曲线及温度变化率和供风量与煤温的关系曲线如图 2-11、图 2-12 所示。其中，第 8 天由于线路改造暂停了试验，并于当天 20:00 继续了后续试验。

表 2-5 实验炉内最高温度点及其温度变化率

编号	天数/d	时刻	风量/($m^3 \cdot h^{-1}$)	煤温/℃	油温/℃	煤温变化率/(℃ $\cdot h^{-1}$)
1	1	8:00	0.020	25.2	24	—
2	1	20:00	0.020	25.2	24	0.00
3	2	8:00	0.020	25.3	24	0.01
4	2	20:00	0.020	25.3	24	0.02
5	3	8:00	0.020	25.4	24	0.05

表 2-5（续）

编号	天数/d	时刻	风量/（$m^3 \cdot h^{-1}$）	煤温/℃	油温/℃	煤温变化率/（$℃ \cdot h^{-1}$）
6	3	20:00	0.020	25.4	24	0.05
7	4	8:00	0.020	25.5	25	0.07
8	4	20:00	0.020	25.6	25	0.08
9	5	8:00	0.020	25.8	25	0.11
10	5	20:00	0.020	25.9	25	0.13
11	6	8:00	0.020	26.1	25	0.14
12	6	20:00	0.020	26.1	25	0.16
13	7	8:00	0.020	26.3	25	0.14
14	7	20:00	0.020	26.4	25	0.14
15	8	8:00	0.020	26.7	26	0.15
16	8	20:00	0.020	26.2	26	-0.13
17	9	8:00	0.020	26.5	26	0.10
18	9	20:00	0.020	26.9	26	0.13
19	10	8:00	0.020	27.4	26	0.15
20	10	20:00	0.020	27.1	26	0.16
21	11	8:00	0.025	27.4	26	0.16
22	11	20:00	0.025	28.0	27	0.16
23	12	8:00	0.025	28.2	27	0.21
24	12	20:00	0.025	29.1	28	0.04
25	13	8:00	0.025	30.2	29	0.10
26	13	20:00	0.025	30.6	30	0.15
27	14	8:00	0.025	31.5	31	0.11
28	14	20:00	0.025	32.8	32	0.15
29	15	8:00	0.025	33.1	32	0.15
30	15	20:00	0.025	35.0	34	0.14
31	16	8:00	0.025	35.2	34	0.19
32	16	20:00	0.025	36.3	35	0.11
33	17	8:00	0.025	37.0	36	0.15
34	17	20:00	0.025	37.4	36	0.21

表 2-5（续）

编号	天数/d	时刻	风量/($m^3 \cdot h^{-1}$)	煤温/℃	油温/℃	煤温变化率/(℃·h^{-1})
35	18	8:00	0.025	38.1	37	0.11
36	18	20:00	0.025	38.4	37	0.19
37	19	8:00	0.025	38.7	38	0.18
38	19	20:00	0.025	39.0	38	0.16
39	20	8:00	0.025	39.5	39	0.06
40	20	20:00	0.025	39.8	39	0.11
41	21	8:00	0.025	40.0	39	0.18
42	21	20:00	0.025	40.1	39	0.16
43	22	8:00	0.030	40.4	39	0.15
44	22	20:00	0.030	41.6	41	0.17
45	23	8:00	0.030	42.7	42	0.18
46	23	20:00	0.030	44.0	43	0.19
47	24	8:00	0.030	46.0	45	0.21
48	24	20:00	0.030	46.5	46	0.23
49	25	8:00	0.030	47.1	46	0.20
50	25	20:00	0.030	49.2	48	0.18
51	26	8:00	0.030	49.2	48	0.20
52	26	20:00	0.030	49.5	49	0.24
53	27	8:00	0.030	50.4	49	0.21
54	27	20:00	0.030	51.3	50	0.28
55	28	8:00	0.030	52.6	52	0.21
56	28	20:00	0.030	52.8	52	0.28
57	29	8:00	0.030	53.0	52	0.21
58	29	20:00	0.030	53.6	53	0.25
59	30	8:00	0.035	54.0	53	0.23
60	30	20:00	0.035	57.0	56	0.28
61	31	8:00	0.035	59.1	58	0.24
62	31	20:00	0.035	61.0	60	0.27
63	32	8:00	0.035	61.5	61	0.29

表2-5（续）

编号	天数/d	时刻	风量/($m^3 \cdot h^{-1}$)	煤温/℃	油温/℃	煤温变化率/(℃·h^{-1})
64	32	20:00	0.035	62.2	61	0.32
65	33	8:00	0.035	63.4	62	0.36
66	33	20:00	0.035	64.0	63	0.39
67	34	8:00	0.035	64.8	64	0.39
68	34	20:00	0.035	64.0	63	0.36
69	35	8:00	0.035	66.3	65	0.32
70	35	20:00	0.035	68.3	67	0.30
71	36	8:00	0.035	69.1	68	0.31
72	36	20:00	0.035	69.8	69	0.32
73	37	8:00	0.045	69.9	69	0.34
74	37	20:00	0.045	72.0	71	0.34
75	38	8:00	0.045	75.3	74	0.41
76	38	20:00	0.045	78.1	77	0.46
77	39	8:00	0.045	82.2	81	0.45
78	39	20:00	0.045	85.1	84	0.46
79	40	8:00	0.045	86.3	85	0.46
80	40	20:00	0.045	88.2	87	0.46
81	41	8:00	0.045	90.0	89	0.45
82	41	20:00	0.045	92.4	91	0.46
83	42	8:00	0.045	95.6	95	0.46
84	42	20:00	0.045	96.3	95	0.46
85	43	8:00	0.045	98.9	98	0.45
86	43	20:00	0.045	103.4	102	0.45
87	44	8:00	0.045	107.2	106	0.44
88	44	20:00	0.045	110.4	109	0.41
89	45	8:00	0.045	113.0	112	0.40
90	45	20:00	0.045	114.1	113	0.44
91	46	8:00	0.045	116.8	116	0.44
92	46	20:00	0.045	117.8	117	0.43

表2-5（续）

编号	天数/d	时刻	风量/($m^3 \cdot h^{-1}$)	煤温/℃	油温/℃	煤温变化率/(℃·h^{-1})
93	47	8:00	0.045	118.8	118	0.43
94	47	20:00	0.045	119.5	119	0.44
95	48	8:00	0.045	120.1	119	0.45
96	48	20:00	0.045	120.4	119	0.45
97	49	8:00	0.045	122.6	122	0.45
98	49	20:00	0.045	124.3	123	0.45
99	50	8:00	0.060	125.2	124	0.41
100	50	20:00	0.060	130.4	129	0.51
101	51	8:00	0.060	138.2	137	0.53
102	51	20:00	0.060	144.5	144	0.55
103	52	8:00	0.060	150.1	149	0.56
104	52	20:00	0.060	156.2	155	0.56
105	53	8:00	0.060	162.1	161	0.56
106	53	20:00	0.060	170.1	169	0.57
107	54	8:00	0.060	172.3	171	0.56
108	54	20:00	0.060	176.4	175	0.56
109	55	8:00	0.060	179.2	178	0.58
110	55	20:00	0.060	179.8	179	0.55
111	56	8:00	0.060	182.1	181	0.54
112	56	20:00	0.060	184.6	184	0.55
113	57	8:00	0.060	186.9	186	0.54
114	57	20:00	0.060	189.1	188	0.59
115	58	8:00	0.070	190.4	189	0.63
116	58	20:00	0.070	196.2	195	0.65
117	59	8:00	0.070	201.4	200	0.66
118	59	20:00	0.070	207.2	206	0.66
119	60	20:00	0.070	212.5	212	0.64

表2-5（续）

编号	天数/d	时刻	风量/（$m^3 \cdot h^{-1}$）	煤温/℃	油温/℃	煤温变化率/（$℃ \cdot h^{-1}$）
120	61	8:00	0.070	218.6	218	0.63
121	61	20:00	0.070	224.9	224	0.66
122	62	8:00	0.070	230.0	229	0.67
123	62	20:00	0.070	237.1	236	0.65
124	63	8:00	0.070	250.3	249	0.64
125	63	20:00	0.100	261.4	260	0.66
126	64	8:00	0.100	278.1	277	0.70
127	64	20:00	0.100	298.8	298	0.78
128	65	8:00	0.100	313.4	312	0.81
129	65	20:00	0.100	326.8	326	0.84
130	66	8:00	0.100	341.2	340	0.88
131	66	20:00	0.100	359.8	359	0.90
132	67	8:00	0.100	371.2	370	0.92
133	67	20:00	0.100	388.6	388	0.95
134	68	8:00	0.100	403.8	403	0.99
135	68	20:00	0.100	415.3	415	1.18

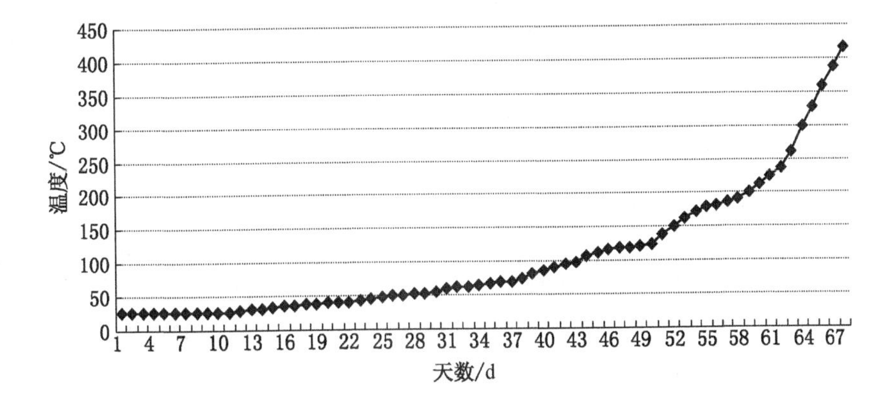

图2-11 煤样自燃升温曲线

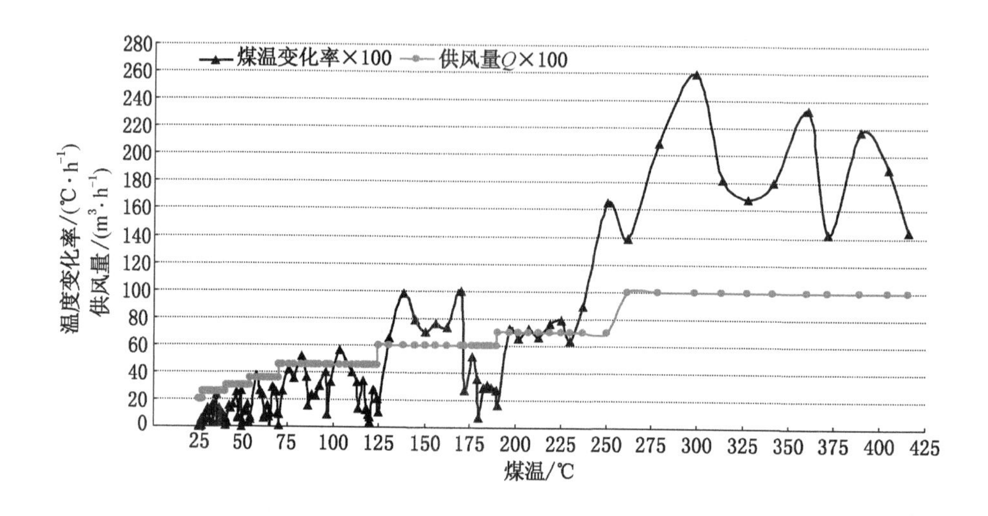

图 2-12　温度变化率和供风量与煤温的关系曲线（自燃升温）

由试验结果可得到以下结论：

（1）试验初期煤样氧化升温较慢，当供风时间超过 37 天后，氧化升温开始加速，对应煤温为 65～75 ℃（临界温度）；当超过 50 天后，氧化升温的速率明显加快，对应煤温为 100～120 ℃（干裂温度）；当超过 63 天后，氧化升温迅速进一步加快，对应煤温为 190～210 ℃（活性温度），此后两天，煤温超过 380 ℃（燃点）。

（2）通过温度监测可知，煤体内高温点呈现从煤体中上部向下部移动的动态变化规律，即向进风侧移动。氧化初期，距供风表面一定距离的炉体中上部温度变化率较快；随着煤氧化时间加长，温度变化率较快的点不断向进风侧移动，高温点最终移至供风侧煤体表面，形成明火，现场实际情况下的煤自燃过程也符合该规律。在采空区和巷道松散煤体内高温点形成初期，均位于距供风表面一定深度的中部，该处漏风强度适中，氧浓度适宜，最易满足煤自燃条件而形成自热高温点。随着自燃的发展，高温点不断向进风侧移动。因此，工作面采空区的自燃高温点多发生在进风侧。由于煤层自燃火源点逆着风流方向发展，气体顺着风流方向流动，因此当煤体发生自燃时 CO 等指标气体浓度最高的地点不一定是高温点，该种现象给准确定位火源点造成了一定难度。

（3）试验初期炉内中心轴处温度上升最快，煤温超过 100 ℃后，由于耗氧量增大，最高温度点向孔隙率大、供氧充分的炉边移动。

（4）随着煤体温度的升高，在供风量适宜的情况下，煤体升温速度加快。当煤温低于临界温度时，为保证炉体内的氧气供给充分，增加供风量，煤体升温速度会有所下降。而当煤温超过 100 ℃后，加大风量，高温点温度则会迅速上升。现场大量实例证明，一旦采空区出现自然发火征兆，加大工作面风量会使着火时间缩短，而减小风量则自燃趋势会明显受到抑制。

（5）煤温超过 100 ℃后，煤体升温速度加快，煤温超过 200 ℃后，煤体升温速度急剧增加，在供风充足的情况下，较短时间内煤温即可超过燃点。

（6）煤温在临界温度（70 ℃）以下时，实验炉内煤体氧化升温的适宜风量为 0.02 ~ 0.035 m^3/h；煤温超过干裂温度（100 ℃）后，适宜的供风量大于 0.06 m^3/h；煤温超过 210 ℃后，维持煤自燃升温所需的风量急剧增加，适宜的供风量大于 0.1 m^3/h，为低温阶段的 5 倍以上；煤温超过 380 ℃（燃点）后，0.1 m^3/h 的供风量已不能满足煤体继续快速升温的条件，温度变化率急剧下降。因此，当煤矿井下出现自燃征兆时，采用均压控制向火区的漏风量能使煤自燃升温速度下降，延长自然发火期，对火势的发展有明显的抑制作用。

2. 煤样绝氧降温过程

实验炉内温度下降点及其温度变化率见表 2 - 6，温度变化率与煤温的关系曲线如图 2 - 13 所示。

表 2 - 6 实验炉内温度下降点及其温度变化率

天数/d	煤温 T_0/℃	煤温变化率/(℃ · h^{-1})	天数/d	煤温 T_0/℃	煤温变化率/(℃ · h^{-1})
1	415.3	—	14	179.5	-0.21
2	342.8	-2.79	15	174.2	-0.22
3	293.6	-2.05	16	170.0	-0.18
4	251.3	-1.76	18	161.0	-0.19
5	239.4	-0.50	20	153.6	-0.15
6	230.4	-0.38	22	148.2	-0.11
7	223.2	-0.30	24	142.1	-0.13
8	215.3	-0.33	26	136.5	-0.12
9	208.4	-0.29	28	131.2	-0.11
10	202.5	-0.25	30	126.5	-0.10
11	196.1	-0.27	32	122.0	-0.09
12	190.2	-0.25	34	117.2	-0.10
13	184.6	-0.23	36	112.6	-0.10

表2-6（续）

天数/d	煤温 T_0/℃	煤温变化率/(℃·h^{-1})	天数/d	煤温 T_0/℃	煤温变化率/(℃·h^{-1})
38	107.5	-0.11	74	38.2	-0.03
40	103.1	-0.09	76	37.0	-0.03
42	98.9	-0.09	78	36.0	-0.02
44	93.6	-0.11	80	34.8	-0.03
46	88.6	-0.10	82	33.1	-0.04
48	84.0	-0.10	84	31.9	-0.03
50	79.6	-0.09	86	30.4	-0.03
52	75.1	-0.09	88	29.3	-0.02
54	71.2	-0.08	90	28.1	-0.03
56	67.3	-0.08	92	26.8	-0.03
58	63.1	-0.09	94	25.6	-0.03
60	58.6	-0.09	96	23.8	-0.04
62	54.2	-0.09	98	23.0	-0.02
64	50.1	-0.09	100	22.1	-0.02
66	46.8	-0.07	102	21.6	-0.01
68	42.8	-0.08	104	21.2	-0.01
70	41.0	-0.04	106	20.8	-0.01
72	39.5	-0.03			

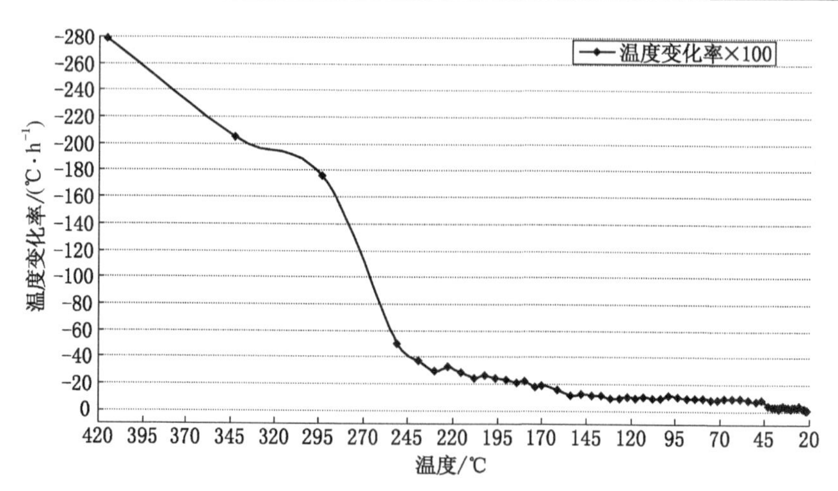

图2-13　温度变化率与煤温的关系曲线（绝氧降温）

通过绝氧降温阶段的观测，由于实验炉的密封保温性较好，且室内温度较为恒定，则其在高温初始降温时（即从燃点开始）温度下降速率较快，当煤温降至 250 ℃后，温度下降速度明显减缓，当煤温低于 170 ℃时，温度下将速率十分缓慢。

此外，从试验结果还可以看出，高温火区煤体窒息熄灭的氧浓度为 2% ~ 3% 。从试验情况看，煤温超过 100 ℃后，虽然炉体下部煤温很高，但内部氧浓度低于 2% 的地点温度仍会有明显的下降，而当氧气浓度在 4% ~5% 之间时，煤温则会上升。因此，现场采用封闭火区或注氮灭火时，初期 CO 浓度下降速度非常快，但火区内的 CO 仍会长期存在。

3. 煤样供风复燃过程

实验炉内最高温度点及其温度变化率见表 2－7，煤样复燃升温曲线及温度变化率和供风量与煤温的关系曲线如图 2－14、图 2－15 所示。

表 2－7 实验炉内最高温度点及其温度变化率

天数/d	风量 Q/($m^3 \cdot h^{-1}$)	煤温/℃	油温/℃	煤温变化率/(℃·h^{-1})
1	0.20	20.8	20	—
2	0.20	23.5	23	0.11
3	0.20	27.1	26	0.15
4	0.20	32.9	32	0.24
5	0.20	39.7	39	0.28
6	0.25	47.6	47	0.33
7	0.25	57.4	56	0.41
8	0.25	69.4	68	0.50
9	0.25	82.3	81	0.54
10	0.35	95.4	95	0.55
11	0.35	112.4	111	0.71
12	0.35	131.1	130	0.78
13	0.35	150.8	150	0.82
14	0.35	199.4	199	2.03
15	0.50	238.2	237	1.62
16	0.50	271.1	270	1.37

表 2-7（续）

天数/d	风量 Q/($m^3 \cdot h^{-1}$)	煤温/℃	油温/℃	煤温变化率/(℃·h^{-1})
17	0.50	302.1	301	1.29
18	0.50	338.6	338	1.52
19	0.50	365.7	365	1.13
20	0.50	395.2	394	1.23

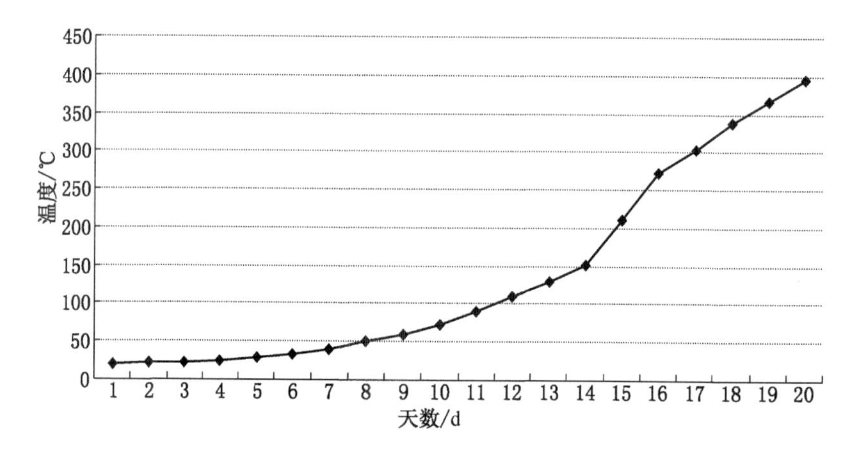

图 2-14　煤样复燃升温曲线

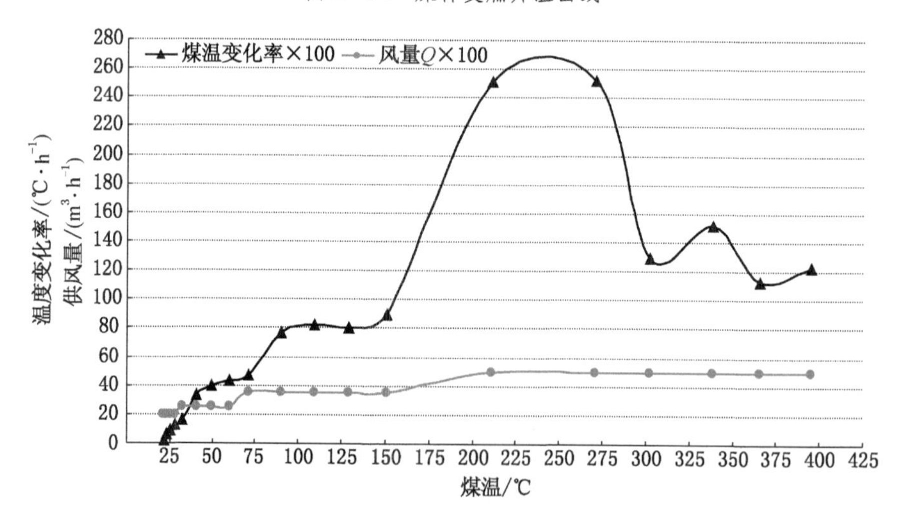

图 2-15　温度变化率和供风量与煤温的关系曲线（供风复燃）

二次供风煤温超过 150 ℃后，升温速度开始急剧增加，火区复燃速度明显高于自然发火速度。在现场实际情况下，即使火区内的氧气浓度长期保持较低水平，当火区开启后，新鲜风流的进入仍极有可能引起火区复燃。

4. 煤样二次绝氧过程

在实验炉内，自燃区域二次绝氧和初次绝氧的规律基本相同，没有出现其他特殊征兆。

2.5.3 指标气体数据分析

长城矿煤样自然发火模拟试验各指标气体浓度及其对应的实验炉内最高温度的关系见表 2－8；气体浓度比值及其对应的实验炉内最高温度关系见表 2－9；各种指标气体浓度及其对应的实验炉内最高温度的关系曲线如图 2－16 所示；指标气体浓度比值及其对应的实验炉内最高温度的关系曲线如图 2－17 和图 2－18 所示。

表 2－8 长城矿煤样自然发火试验指标气体浓度与煤温关系汇总表

天数/d	风量 Q/($m^3 \cdot h^{-1}$)	T_{max}/℃	O_2 浓度/%	N_2 浓度/%	CO 浓度/10^{-6}	CO_2 浓度/10^{-6}	CH_4 浓度/10^{-6}	C_2H_6 浓度/10^{-6}	C_2H_4 浓度/10^{-6}
1	0.020	25.2	20.70	77.35	201	611	1380	0	0
2	0.020	25.3	20.45	78.15	189	680	1510	0	0
3	0.020	25.4	20.33	78.65	204	712	1641	0	0
4	0.020	25.5	20.60	77.90	195	694	1682	0	0
5	0.020	25.8	19.87	78.92	192	733	1715	0	0
6	0.020	26.1	19.79	78.64	189	741	1743	0	0
7	0.020	26.3	19.79	78.46	176	725	1751	0	0
8	0.020	26.7	19.56	78.87	149	700	1786	0	0
9	0.020	26.5	19.38	79.14	137	692	1798	0	0
10	0.020	27.4	19.23	78.86	120	688	1835	0	0
11	0.025	27.4	19.40	78.26	140	734	1800	0	0
12	0.025	28.2	19.33	78.69	121	705	1721	0	0
13	0.025	30.2	19.33	78.92	120	711	1640	0	0
14	0.025	31.5	19.11	79.21	123	724	1566	0	0
15	0.025	33.1	18.89	80.17	114	703	1413	0	0
16	0.025	35.2	19.34	78.45	112	674	1300	0	0

表2-8（续）

天数/d	风量 Q/($m^3 \cdot h^{-1}$)	T_{max}/℃	O_2 浓度/%	N_2 浓度/%	CO 浓度/10^{-6}	CO_2 浓度/10^{-6}	CH_4 浓度/10^{-6}	C_2H_6 浓度/10^{-6}	C_2H_4 浓度/10^{-6}
17	0.025	37.0	19.64	78.96	103	621	1212	0	0
18	0.025	38.1	19.68	79.35	100	659	1086	0	0
19	0.025	38.7	20.30	80.17	94	663	953	0	0
20	0.025	39.5	19.87	79.13	81	648	821	0	0
21	0.025	40.0	19.52	78.66	80	620	702	0	0
22	0.030	40.4	19.42	78.31	78	631	543	0	0
23	0.030	42.7	20.36	77.35	93	645	422	0	0
24	0.030	46.0	20.78	78.65	102	683	401	0	0
25	0.030	47.1	21.47	77.7	106	702	374	0	0
26	0.030	49.2	20.23	79.13	113	745	323	0	0
27	0.030	50.4	20.28	79.35	121	788	302	0	0
28	0.030	52.6	20.50	80.71	124	820	287	1.21	0
29	0.030	53.0	20.05	78.76	122	824	256	1.88	0
30	0.035	54.0	20.73	77.43	126	886	218	2.54	0
31	0.035	59.1	18.83	79.37	145	893	200	4.66	0
32	0.035	61.5	19.93	78.92	152	921	183	6.74	0
33	0.035	63.4	20.33	77.98	178	945	165	7.62	0
34	0.035	64.8	20.69	77.65	187	980	123	8.11	0
35	0.035	66.3	19.95	77.02	182	980	101	11.23	0
36	0.035	69.1	20.29	77.69	175	977	84	13.44	0
37	0.045	69.9	19.77	77.3	171	994	76	18.56	0
38	0.045	75.3	19.50	77.9	203	1021	55	23.85	0
39	0.045	82.2	20.43	76.84	244	1294	37	21.45	0
40	0.045	86.3	20.57	77.88	275	1314	29	25.44	0
41	0.045	90.0	19.37	76.99	286	1444	28	33.45	0
42	0.045	95.6	20.18	77.93	291	1603	35	46.89	0
43	0.045	98.9	20.27	78.01	298	1752	61	57.92	0
44	0.045	107.2	19.84	79.31	302	1787	103	69.33	0
45	0.045	113.0	18.45	79.90	521	1956	127	88.42	0

表 2-8（续）

天数/d	风量 Q/($m^3 \cdot h^{-1}$)	T_{max}/℃	O_2 浓度/%	N_2 浓度/%	CO 浓度/10^{-6}	CO_2 浓度/10^{-6}	CH_4 浓度/10^{-6}	C_2H_6 浓度/10^{-6}	C_2H_4 浓度/10^{-6}
46	0.045	116.8	19.65	76.48	780	2043	182	103.20	0.14
47	0.045	118.8	19.75	78.88	1005	2841	201	121.00	0.18
48	0.045	120.1	19.52	79.12	1655	3445	243	142.52	0.22
49	0.045	122.6	19.64	79.45	3078	8750	294	161.20	0.66
50	0.060	125.2	16.22	81.21	4511	10310	389	200.30	0.96
51	0.060	138.2	15.78	81.45	5820	11450	599	256.70	1.21
52	0.060	150.1	15.22	81.65	6220	12876	811	300.45	1.54
53	0.060	162.1	12.01	82.77	9030	20331	1245	408.30	8.96
54	0.060	172.3	11.68	82.14	10228	23218	1866	429.12	21.32
55	0.060	179.2	10.93	81.88	11544	26670	2025	455.36	35.55
56	0.060	182.1	10.44	82.34	12479	29881	2110	489.12	51.22
57	0.060	186.9	8.10	83.96	14536	40350	2278	501.00	60.03
58	0.070	190.4	5.98	83.41	19820	42548	2364	531.22	65.42
59	0.070	201.4	6.00	82.99	20000	46330	2447	553.23	82.11
60	0.070	212.5	6.35	83.67	20326	47990	2691	571.11	84.56
61	0.070	224.9	6.11	82.54	20178	50025	3054	593.64	86.22
62	0.070	237.1	6.00	82.43	20370	53850	3312	601.20	88.51
63	0.100	261.4	6.42	82.71	21440	57584	3450	610.34	92.36
64	0.100	298.8	5.77	83.96	22540	60012	3618	620.35	95.33
65	0.100	326.8	5.36	83.44	22742	62148	2677	626.88	96.17
66	0.100	359.8	6.11	82.68	22863	67750	2728	632.88	98.35
67	0.100	388.6	5.34	84.11	23450	95420	5847	746.21	110.02
68	0.100	415.3	4.21	84.32	23160	98750	6027	760.00	114.58

表 2-9 长城矿煤样自然发火试验指标气体浓度比值与煤温关系汇总表

天数/d	T_{max}/℃	$C_2H_6:CH_4$	$C_2H_4:CH_4$	$CO:CO_2$	$CO:\Delta O_2$
1	25.2	0	0	0.33	9.71
2	25.3	0	0	0.28	9.24
3	25.4	0	0	0.29	10.03

表2-9（续）

天数/d	T_{max}/℃	$C_2H_6:CH_4$	$C_2H_4:CH_4$	$CO:CO_2$	$CO:\Delta O_2$
4	25.5	0	0	0.28	9.47
5	25.8	0	0	0.26	9.66
6	26.1	0	0	0.26	9.55
7	26.3	0	0	0.24	8.89
8	26.7	0	0	0.21	7.62
9	26.5	0	0	0.20	7.07
10	27.4	0	0	0.17	6.24
11	27.4	0	0	0.19	7.22
12	28.2	0	0	0.17	6.26
13	30.2	0	0	0.17	6.21
14	31.5	0	0	0.17	6.44
15	33.1	0	0	0.16	6.03
16	35.2	0	0	0.17	5.79
17	37.0	0	0	0.17	5.24
18	38.1	0	0	0.15	5.08
19	38.7	0	0	0.14	4.63
20	39.5	0	0	0.13	4.08
21	40.0	0	0	0.13	4.10
22	40.4	0	0	0.12	4.02
23	42.7	0	0	0.14	4.57
24	46.0	0	0	0.15	4.91
25	47.1	0	0	0.15	4.94
26	49.2	0	0	0.15	5.59
27	50.4	0	0	0.15	5.97
28	52.6	0	0	0.15	6.05
29	53.0	0.01	0	0.15	6.08
30	54.0	0.01	0	0.14	6.08
31	59.1	0.02	0	0.16	7.70
32	61.5	0.04	0	0.17	7.63
33	63.4	0.05	0	0.19	8.76
34	64.8	0.07	0	0.19	9.04
35	66.3	0.11	0	0.19	9.12
36	69.1	0.16	0	0.18	8.62

表2-9（续）

天数/d	T_{max}/℃	$C_2H_6:CH_4$	$C_2H_4:CH_4$	$CO:CO_2$	$CO:\Delta O_2$
37	69. 9	0. 24	0	0. 17	8. 65
38	75. 3	0. 43	0	0. 20	10. 41
39	82. 2	0. 58	0	0. 19	11. 94
40	86. 3	0. 88	0	0. 21	13. 37
41	90. 0	1. 19	0	0. 20	14. 77
42	95. 6	1. 34	0	0. 18	14. 42
43	98. 9	0. 95	0	0. 17	14. 70
44	107. 2	0. 67	0	0. 17	15. 22
45	113. 0	0. 70	0	0. 27	28. 24
46	116. 8	0. 57	0	0. 38	39. 69
47	118. 8	0. 60	0	0. 35	50. 89
48	120. 1	0. 59	0	0. 48	84. 78
49	122. 6	0. 55	0	0. 35	156. 72
50	125. 2	0. 51	0	0. 44	278. 11
51	138. 2	0. 43	0	0. 51	368. 82
52	150. 1	0. 37	0	0. 48	408. 67
53	162. 1	0. 33	0. 01	0. 44	751. 87
54	172. 3	0. 23	0. 01	0. 44	875. 68
55	179. 2	0. 22	0. 02	0. 43	1056. 18
56	182. 1	0. 23	0. 02	0. 42	1195. 31
57	186. 9	0. 22	0. 03	0. 36	1794. 57
58	190. 4	0. 22	0. 03	0. 47	3314. 38
59	201. 4	0. 23	0. 03	0. 43	3333. 33
60	212. 5	0. 21	0. 03	0. 42	3200. 94
61	224. 9	0. 19	0. 03	0. 40	3302. 45
62	237. 1	0. 18	0. 03	0. 38	3395. 00
63	261. 4	0. 18	0. 03	0. 37	3339. 56
64	298. 8	0. 17	0. 03	0. 38	3906. 41
65	326. 8	0. 23	0. 04	0. 37	4242. 91
66	359. 8	0. 23	0. 04	0. 34	3741. 90
67	388. 6	0. 13	0. 02	0. 25	4391. 39
68	415. 3	0. 13	0. 02	0. 23	5501. 19

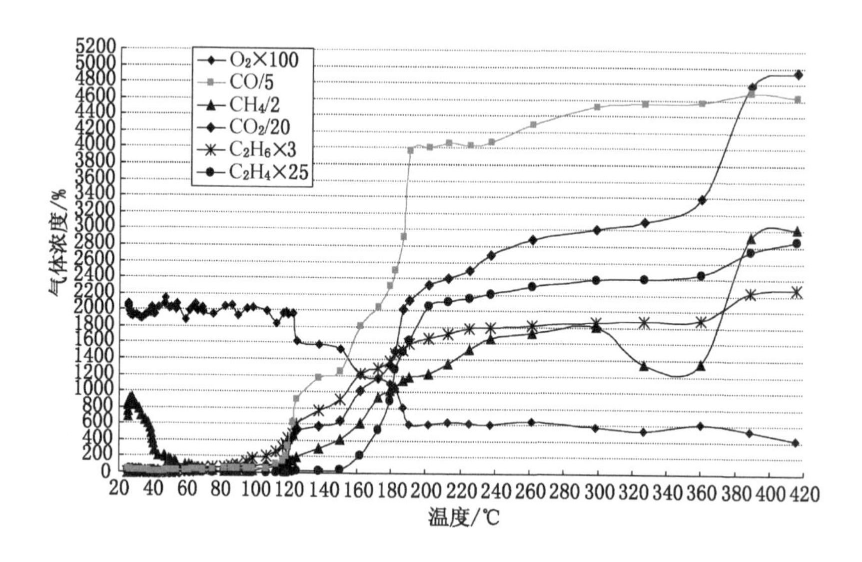

图2-16　长城矿煤样自然发火模拟试验指标气体浓度与煤温的关系曲线

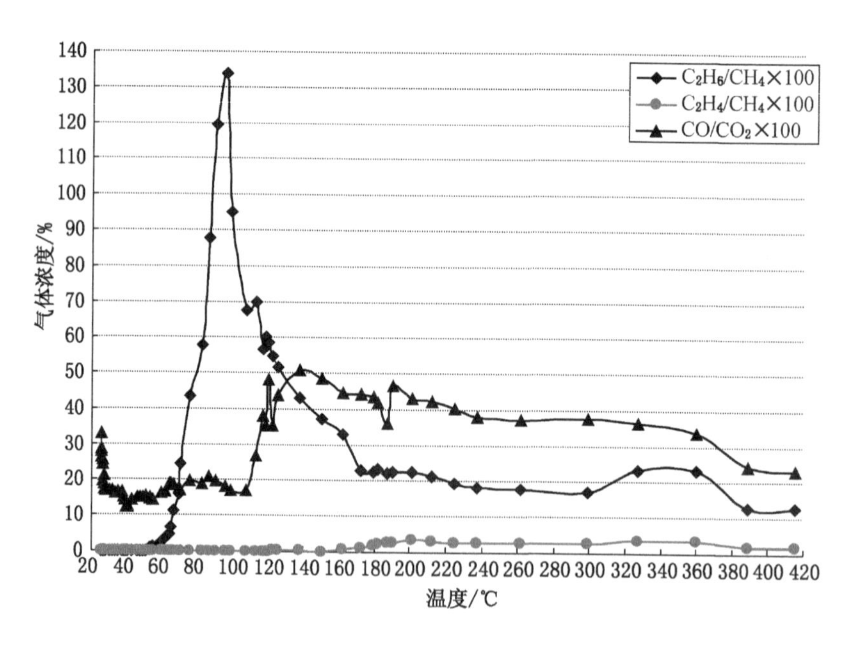

图2-17　长城矿煤样自然发火模拟试验指标气体浓度比值与煤温的关系曲线

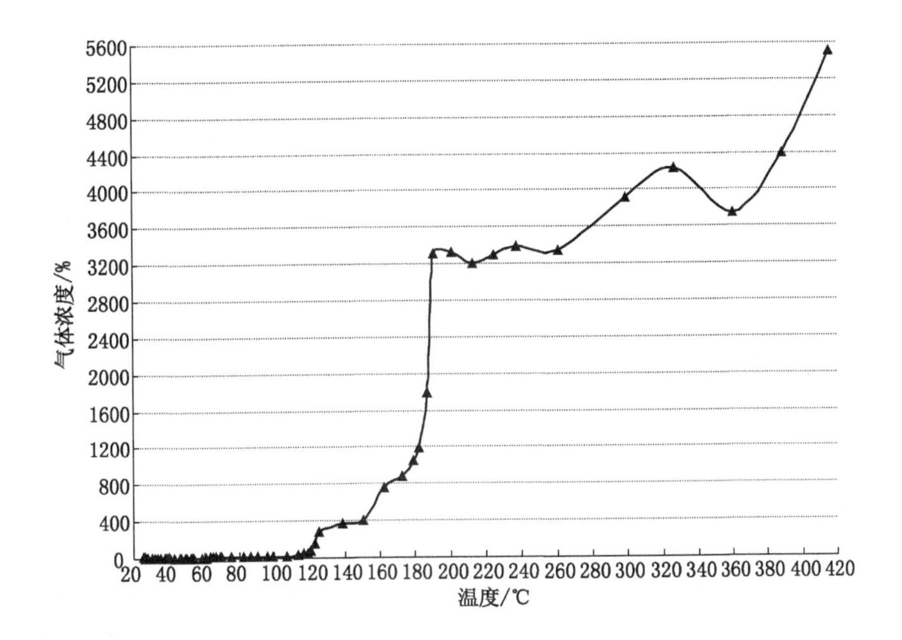

图 2-18 指标气体 CO/O_2 浓度比值与煤温的关系曲线

1. 一氧化碳变化规律

通过表 2-8、表 2-9 及图 2-16 至图 2-18 可以看出：在常温下，煤炭即可释放出 CO 气体，且 CO 产生量随着煤温的升高急剧上升，两者近似呈指数关系，可近似分为 3 个阶段。在自燃初期，曲线斜率较小，气体产生量的增幅不明显。在自燃中期，煤炭内部达到一定温度（干裂温度）后，进入剧烈氧化阶段，曲线中段斜率增大，CO 产生量急剧增加。在自燃后期，当煤温到达活性温度后，CO 产生量和温度曲线缓慢上升，最终在达到燃点后到达最大值。

以上结果表明，试验所得的煤样温度与 CO 生成量之间的关系基本上是一致的，但在相同煤样温度时，粒度越小则 CO 生成量越大。煤样从室温（25.2 ℃）升高到 415.3 ℃时，CO 产生量的增加倍数达 116 倍。此外，当煤样温度达到 120 ℃和 150 ℃时，CO 产生量急剧增加，上述温度是 CO 指标气体浓度变化的明显转折点。

此外，由于矿井中的风量变化对 CO 浓度有较大影响，为了消除风量的影响，常使用 $CO/\Delta O_2$ 作为指标，ΔO_2 为耗氧量。由图 2-17 可知，$CO/\Delta O_2$ 与煤温之间同样也存在着近似指数关系。$CO/\Delta O_2$ 由于具有了不受矿井风量稀释浓度的影响，可排除井下通风的干扰，显然它是比 CO 更为精确的自然发火指标参数，该系数增大表明煤自然发火的可能性增加。

2. 烷烃及链烷比变化规律

通过表 2－8、表 2－9 及图 2－16、图 2－17 可知，在氧化初期，甲烷绝大多数是煤中吸附瓦斯解吸形成的，其产生量与煤样中的瓦斯含量密切相关。当煤炭瓦斯含量较高时，链烷比 C_2H_6/CH_4 的初始值相对较小。升温将增加甲烷分子动能，煤体内部微空隙和煤骨架所吸附的甲烷分子将大量解吸，造成甲烷释放量的增多，但随着吸附瓦斯量的减少，甲烷的释放速率也将快速下降。与此相比，煤吸附的乙烷量很少，常温下的初始释放速率与甲烷相比慢许多，温度的升高同样使乙烷的释放速率加快。以上两方面的因素使链烷比值随温度升高而增大。当自燃进入激烈氧化阶段时，由于氧化分解生成的甲烷释放量的增加超过了其他烷烃，造成链烷比值又呈下降趋势。

3. 乙烯变化规律

乙烯是煤氧化分解及热裂解的产物，只有在煤进入加速氧化阶段，其产量才能达到乙烯的检测限。从表 2－8、表 2－9 及图 2－16、图 2－17 中可以看出，烯烃是在煤温达到某一程度后的氧化产物，110～130 ℃时出现乙烯。煤温升高时，烯烃的浓度随之增大，并且近似呈指数关系上升，在 150～170 ℃时增加迅速。根据以上规律，可以依据烯烃是否出现来反推煤炭的温度范围，对于现场开展煤炭自燃的早期预报有着极其重要的意义。当检测人员只要在井下测到乙烯，可基本判定存在 110 ℃以上的高温点。针对乙烯气体的监测可把预报的定性临界值转为定量临界值，采用定性临界值预报自燃时，能把井下风量变化等多种干扰因素降到最低水平，使预报的准确性大大提高。乙烯的出现是煤进入加速氧化阶段的一个重要标志，通过上述试验数据表明，烯烃是较好的指标气体，检测精度和方法都能够保障。

2.6 煤样自燃特性参数

2.6.1 耗氧速率与放热强度

根据河北工程大学自然发火实验台所测的各点温度、氧浓度、CO 和 CO_2 浓度的分布，结合相应公式，可测算出长城矿煤样在不同温度时新鲜风流中的耗氧速度、CO 和 CO_2 产生率及放热强度，见表 2－10。放热强度与煤温的关系曲线如图 2－19 所示，煤样耗氧、烷烃产生率与煤温的关系曲线如图 2－20 所示。

从表 2－10、图 2－19 可以看出，煤温在临界温度 90 ℃以下时，耗氧速度、

表2-10 长城矿煤样自然发火试验特性参数测算汇总表

天数/d	煤温 T_0/℃	煤温变化率/(℃·h^{-1})	煤样实际放热强度 $q_0(T)\times10^5$/(J·s^{-1}·cm^{-3})	煤样放热强度下限 $q_{min}\times10^5$	煤样放热强度上限 $q_{max}\times10^5$	耗氧速度 $\times10^{11}$/(L·h^{-1})	CO产生率 $\times10^{11}$/(L·h^{-1})	CO_2产生率 $\times10^{11}$/(L·h^{-1})
1	25.2	—	2.72	2.489	5.420	19.313	0.370	3.247
4	25.5	0.0042	2.03	1.414	3.892	11.210	0.025	2.137
7	26.3	0.0111	2.88	1.060	3.884	10.767	0.020	1.101
10	27.4	0.0153	2.92	1.624	4.733	13.589	0.033	2.106
13	30.2	0.0389	3.47	1.853	5.621	16.147	0.173	2.442
16	35.2	0.0694	3.51	1.624	4.733	13.589	0.033	2.106
19	38.7	0.0486	3.23	3.884	5.033	12.370	0.019	3.137
22	40.4	0.0236	3.42	1.060	3.884	10.767	0.020	1.101
25	47.1	0.0931	3.57	2.182	5.571	13.276	0.080	3.299
28	52.6	0.0764	2.06	1.901	5.287	15.002	0.278	2.809
31	59.1	0.0903	4.94	3.111	7.162	19.443	0.239	3.713
34	64.8	0.0792	5.11	3.515	8.881	23.675	0.285	2.929
37	69.9	0.0708	5.77	3.871	10.782	25.475	0.870	4.533
40	86.3	0.2278	9.36	7.519	15.644	37.182	4.251	11.373
43	98.9	0.1750	17.26	8.766	27.630	80.503	4.809	21.322
46	116.8	0.2486	64.75	52.986	119.242	332.410	6.224	82.147
49	122.6	0.0806	89.36	61.783	132.222	413.280	11.740	96.840
52	150.1	0.3819	90.12	77.519	208.644	504.960	34.620	173.260
55	179.2	0.4042	168.89	165.344	265.935	714.657	75.485	268.669
58	190.4	0.1556	226.34	188.490	364.830	800.548	81.320	288.460
61	224.9	0.4792	306.14	211.330	421.976	884.320	93.440	298.310
64	298.8	1.0264	378.92	231.046	437.540	934.670	104.870	323.560
67	388.6	1.2472	490.26	274.312	513.548	1012.388	117.565	338.661

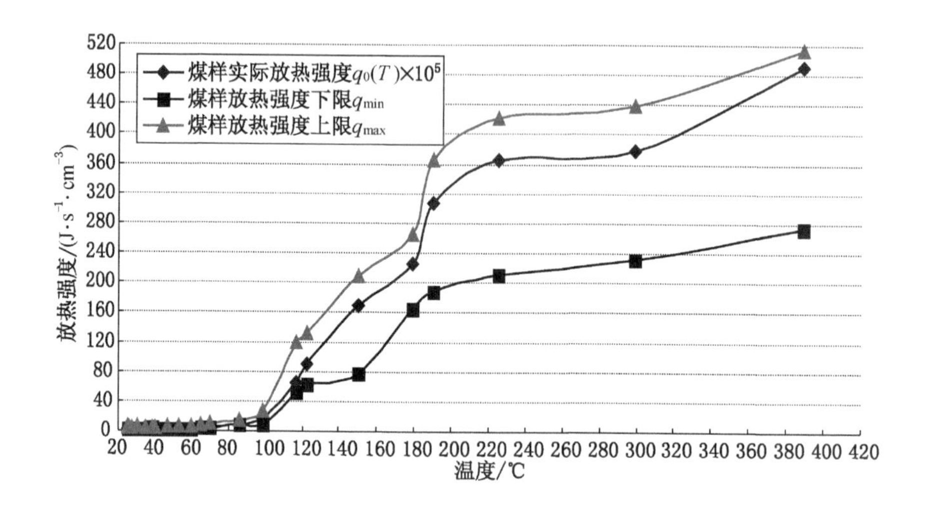

图 2-19　煤样放热强度与煤温的关系曲线

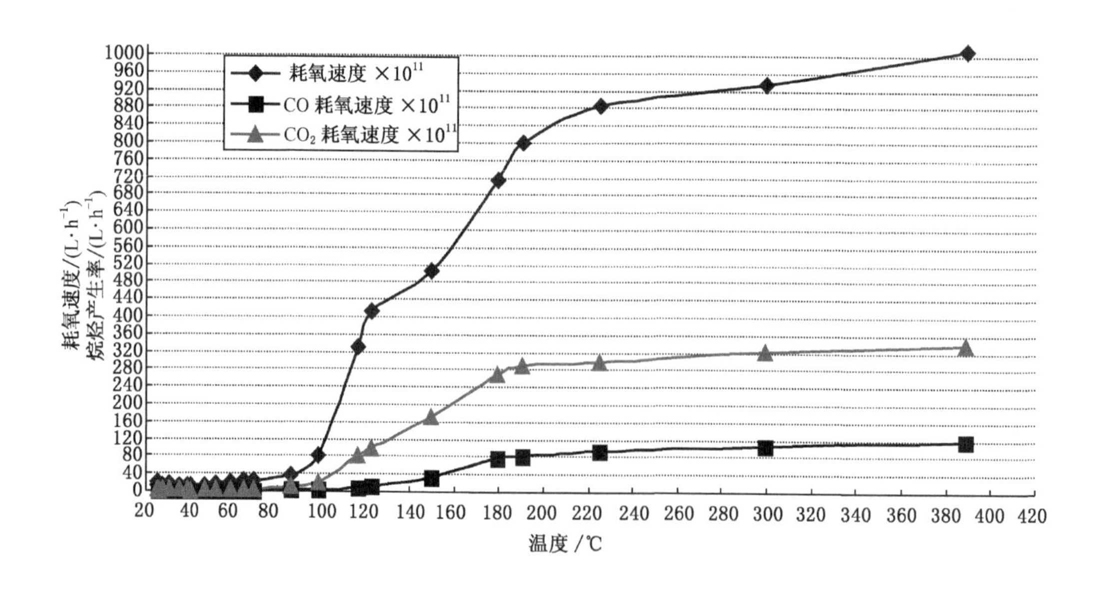

图 2-20　煤样耗氧、烷烃产生率与煤温的关系曲线

放热强度、CO 和 CO_2 产生率等特性参数值增加缓慢；煤温超过该温度后，这些特性参数值开始明显增加；当煤温超过干裂温度 110～120 ℃后，参数值将急剧

增加。

从图2-20可以看出，$q_0(T)$ 介于键能估算法求得的氧化放热强度上限 $q_{max}(T)$ 和下限 $q_{min}(T)$ 之间。因此，可用两种方法测算的放热强度互为验证。当处于临界温度以下时，$q_0(T)$ 靠近 $q_{min}(T)$，说明煤氧复合中化学吸附占主导地位；当温度较高（110 ℃以上）时，分子内能增加，多数化学吸附的煤氧复合物体系能够自身克服化学反应的限制，而参与化学反应，$q_0(T)$ 接近 $q_{max}(T)$。煤体温度越高则煤的氧化活性越高，煤氧复合反应速度越快，放热强度越大。煤体低温氧化放热性仅与煤体破碎程度和氧浓度有关。

2.6.2 自燃极限参数确定

根据试验结果所测算出的放热强度和耗氧速度，以及相应的煤自燃极限参数测算公式，假设浮煤孔隙率为0.3，则松散煤体导热系数为 0.90×10^{-3} J/(cm·s·℃)，岩层温度取25 ℃，则可计算出浮煤厚度为0.6~2 m、煤温在30~140 ℃时的下限氧浓度值见表2-11，上限漏风强度值见表2-12；漏风强度为0~1.0 $cm^3/(cm^2\cdot s)$（设漏风强度为零，表示忽略漏风带走的热量）。

表2-11 不同浮煤厚度与不同煤温时的下限氧浓度

煤温 T_0/℃	煤样实际放热强度 $q_0(T)\times10^5$/($J\cdot s^{-1}\cdot cm^{-3}$)	浮煤厚度/m							
		0.6	0.8	1.0	1.2	1.4	1.6	1.8	2.0
		下限氧浓度/%							
30.0	3.47	22.46	16.41	12.31	9.46	7.88	6.42	5.78	4.91
40.0	3.42	32.13	25.86	18.52	14.31	11.43	9.84	8.32	7.33
50.0	3.81	42.87	34.21	24.88	19.52	15.76	13.37	11.54	9.54
60.0	4.94	46.84	37.44	26.94	21.22	17.32	14.52	12.12	10.5
70.0	5.77	37.96	30.33	21.55	16.97	13.84	11.28	10.08	8.45
80.0	8.24	41.88	33.52	24.37	18.65	15.65	12.42	11.02	9.31
90.0	18.37	23.45	18.26	13.21	10.21	8.42	7.11	6.21	5.22
100.0	52.12	12.56	9.47	6.58	5.47	4.43	3.29	3.11	2.41
110.0	90.12	7.04	4.64	3.42	2.87	2.35	1.66	1.58	1.37
120.0	141.26	5.12	3.85	2.45	2.12	1.41	1.21	1.27	1.04
130.0	208.45	4.45	2.51	1.85	1.47	1.18	1.01	0.88	0.69
140.0	266.84	2.98	1.32	1.06	0.98	0.76	0.59	0.54	0.38

表2-12　不同浮煤厚度与不同煤温时的上限漏风强度

煤温 T_0/℃	煤样实际放热强度 $q_0(T)\times10^5$/(J·s⁻¹·cm⁻³)	浮煤厚度/m							
		0.6	0.8	1.0	1.2	1.4	1.6	1.8	2.0
		上限漏风强度/(10^{-2}·cm³·cm⁻²·s⁻¹)							
30.0	3.47	0.032	0.057	0.087	0.124	0.137	0.145	0.188	0.27
40.0	3.42	0.018	0.031	0.036	0.059	0.079	0.117	0.141	0.124
50.0	3.81	0.007	0.019	0.031	0.052	0.061	0.074	0.085	0.096
60.0	4.94	0.001	0.006	0.029	0.041	0.048	0.068	0.063	0.087
70.0	5.77	0.004	0.022	0.041	0.047	0.083	0.092	0.105	0.124
80.0	8.24	0.003	0.019	0.022	0.055	0.099	0.010	0.143	0.113
90.0	18.37	0.028	0.058	0.081	0.138	0.142	0.162	0.197	0.185
100.0	52.12	0.117	0.112	0.154	0.254	0.235	0.352	0.386	0.542
110.0	90.12	0.256	0.247	0.327	0.436	0.426	0.688	0.711	0.879
120.0	141.26	0.329	0.364	0.466	0.652	0.709	0.921	0.986	1.058
130.0	208.45	0.451	0.529	0.683	0.873	0.897	1.227	1.340	1.524
140.0	266.84	0.601	0.714	0.924	1.002	1.138	1.453	1.670	1.963

从表2-11中可看出，随着浮煤厚度的增加，下限氧浓度值下降，即浮煤堆积越多，散热条件越差，维持煤体氧化升温所需的氧气量越少；当浮煤厚度为0.6 m、煤温为90 ℃时，下限氧浓度值超过21%，可作为判定浮煤自燃的必要条件。即当长城矿4号煤的浮煤厚度小于0.6 m时，煤温不会超过其临界温度，因此不会发生自燃。

从表2-12中得知，随着浮煤厚度增加，上限漏风强度增大，即在实际情况下，浮煤厚度越大，产生的热量越多，热量越不容易通过顶底板散失。浮煤厚度小于0.6 m时，上限漏风强度将为负值，此时煤氧化产生的热量通过热传导就全部散失，浮煤不会自燃升温。

2.7　煤自然发火现场监测

2.7.1　工作面概况

该工作面位于牛家窑向斜南翼，煤层倾角平均28°，走向近视西北—东南，倾向近视东北，起伏不平，采区南部煤层较厚，北部相对较薄，该工作面小型断裂构造较发育，断层延展长度较短，对回采有一定程度的影响，工作面外部以一较大断层作为停采线。工作面走向长度200 m，可采长度160 m，倾向长度56 m，平均厚度5.25 m，视密度为1.46 t/m^3，工业储量85848 t，回采率93%，可采储量63870.9 t。因此，工作面的服务年限为2.7个月。

工作面水文地质条件属中等，回采过程中主要受煤系地层上覆髫髻山组二段安山集块岩夹砂岩裂隙含水层影响，根据华北科技学院瞬变电磁物探结果显示，该区域富水性较弱，根据相邻工作面观测正常涌水量为20～30 m^3/h。工作面位置及井上下关系详见表2－13，工作面煤层情况详见表2－14，工作面煤层顶底板情况详见表2－15。

表2－13　井上下对照关系表

水平名称	420水平		采区名称	420水平下山采区	
地面标高	+660～+735 m		井下标高	+380～+400 m	
地面相对位置	劈山大渠保护煤柱以北				
回采对地面设施的影响	无被保护的建筑物				
井下位置及与四邻关系	北以9370运输巷为界，南部为劈山大渠煤柱，西部为采区留煤上山为界，东部为原901采煤工作面留15 m煤柱				
走向长度	200 m	倾斜长度	56 m	面积	11200 m^2

表2－14　煤层情况表

煤层厚度	5.25 m	煤层结构	复杂：含一层0.1～0.5 m的粉砂岩夹矸	煤层倾角	平均28°
开采煤层	9号煤	煤种	长焰煤	煤层硬度f	2.1
煤层情况描述	煤呈黑色，落煤呈粉末状或碎块状，煤层较稳定				

表2－15　顶底板情况

顶底板名称		岩石类别	厚度/m	特　征
顶板	基本顶	泥岩		局部有炭化植物化石，分选性中等
	直接顶	砂质泥岩	6.45	浅灰色中细砂岩或砂质泥岩，分选性中等
	伪顶	泥岩	0.2～0.5	灰色泥岩，深灰色泥岩
底板	直接底	中细粒砂岩	1～2	致密参差状断口，层里不清晰，局部偶见炭化植物根茎化石，遇水极易膨胀
	基本底	泥岩和炭化泥岩	14.5	均一至密，层理不清晰，含有炭化植物化石

除此之外，影响回采的其他地质情况见表2－16。

表2－16　其他地质情况

瓦斯	本矿井为低瓦斯矿井，瓦斯绝对涌出量2.64 m^3/t
CO_2	二氧化碳含量为5.28%
煤尘爆炸指数	煤尘具有爆炸危险性，爆炸指数介于36.1%～43.7%之间
煤的自燃倾向性	Ⅰ级，易自燃
地温危害	无
冲击地压危害	无

针对该工作面的实际赋存情况，由于煤层倾角比较大，应制定专门的支架防倒防滑措施；原901工作面因采空区出水被迫封闭，回采前应制定专项防治水措施；9370工作面回采采用放顶煤技术，采空区遗煤较多，应制定专项防灭火措施。

2.7.2　现场监测设计

在回风巷建立自然发火观测站，并建立自然发火监测系统，在9370采煤工作面的回风巷中布置了1个温度传感器。每班设专门人员用一氧化碳检定器进行CO气体的监测，如图2－21所示。

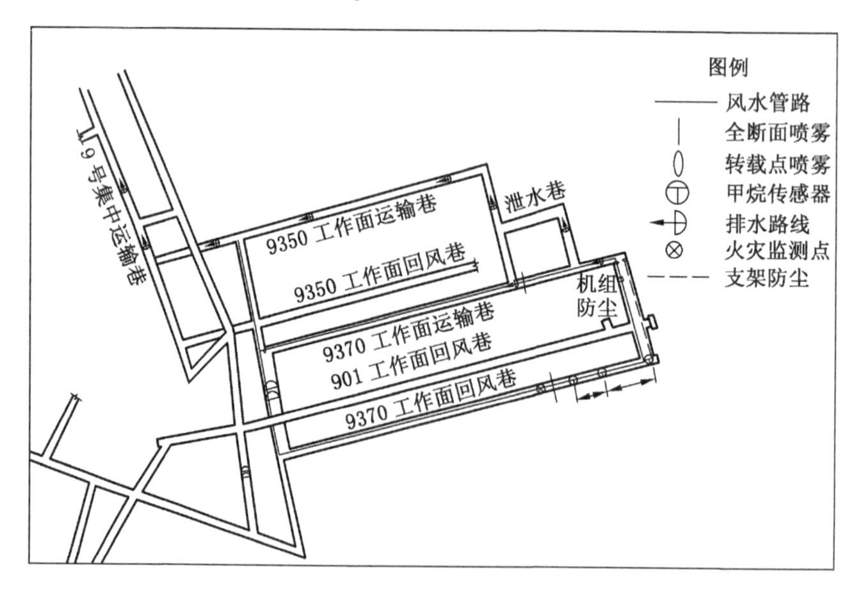

图2－21　9370工作面安全检测系统图

通过监测系统可实现实时监测回风流中的各种情况，定期检查、分析整理。同时，根据实际情况取样，利用气相色谱仪进行火灾气体分析。所有检测分析结果必须记录在专用的防火记录簿内，发现自然发火指标超过或达到临界值等异常变化时，立即发出自然发火的预报，并通知410 m水平及以上人员撤离工作面。在9370采煤工作面的进风巷、回风巷用本安型红外热像仪，扫描巷道表面煤体温度。在未实施自燃检测前，该矿每月要发生1～2次煤炭自燃，经过检测及时采取有效措施后，基本上不会看到明火，很少发生自燃灾害。

2.7.3　束管检测

根据煤炭自燃过程中煤体温度与标志性气体之间的关系，可以在采空区用束管来检测遗煤的自燃情况，具体布管如图2－22所示。管1距进风巷巷道帮的距离为（1.5～2）d（d为巷道的宽度），管2距进风巷巷道帮的距离为（5～6）d，管3距进风巷巷道帮的距离为8d，回风巷测布置的管4、管5分别距瓦斯抽放管5 m和15 m。通过各检测管中的气体检测来判断采空区煤炭自燃的状态。

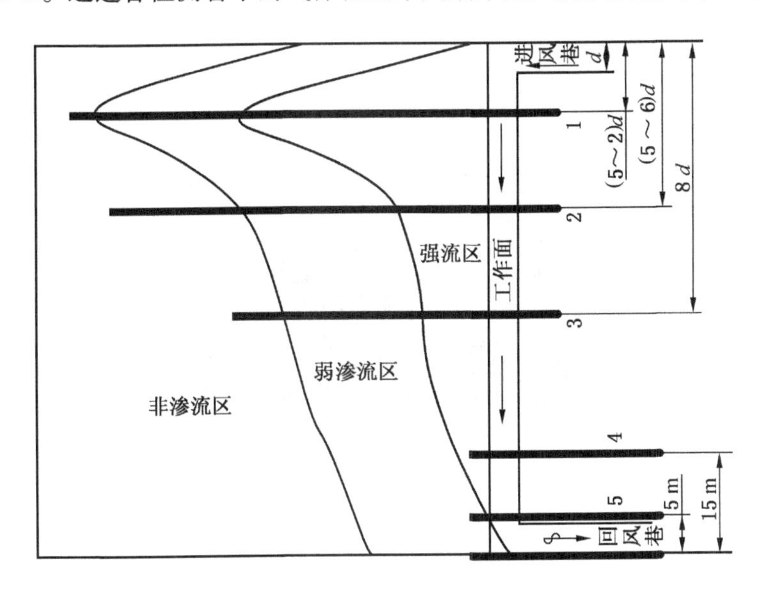

图2－22　采空区束管监控布置图

1. 工作面概况

山西汾西瑞泰井矿正明煤业有限公司0401工作面，煤层平均厚度1.8 m，倾角8°～14°，地质构造简单，相对瓦斯涌出量1.65 m^3/t，绝对瓦斯涌出量1.2 m^3/min，工作面长138 m，采用走向长壁后退式综合机械化采煤方法，一次采全高，一个正规循环进尺为0.5 m，煤层具有自燃倾向性。

2. 束管检测系统

为了降低抽采气体的粉尘量，在采空区的埋管端头与粉尘过滤器（图2-23）连接，粉尘过滤器套入粉尘过滤器保护罩（图2-24）中，过滤器被垮落岩石砸坏。

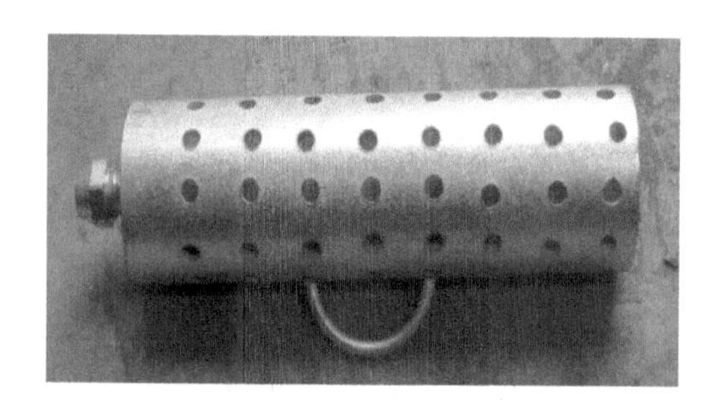

图2-23 粉尘过滤器

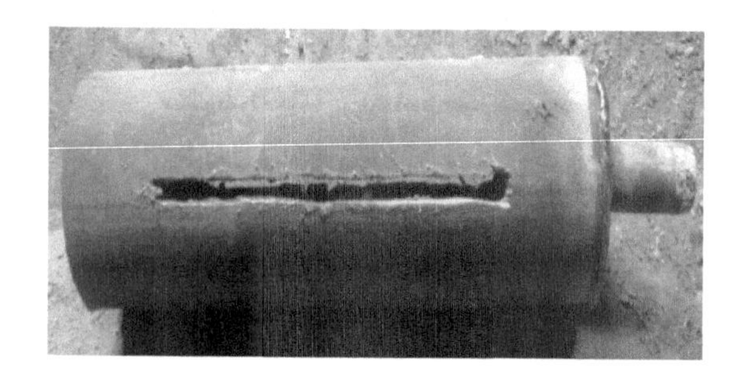

图2-24 粉尘过滤器保护罩

地面束管检测装置由KSS-200-3束管无油抽气泵组、KSS-200煤矿自燃火灾束管检测系统、SPB-3型全自动空气源、SPH-300A型氢气发生器，3420A气相色谱仪等组成，如图2-25所示。

3. 束管检测数据分析

采用束管检测系统对0401工作面进行为时一个月的监测，工作面平均推进速度为1.5 m/d，检测数据见表2-17。根据检测到的数据可绘制各束管检测瓦斯浓度与采空区埋深的关系，如图2-26所示。

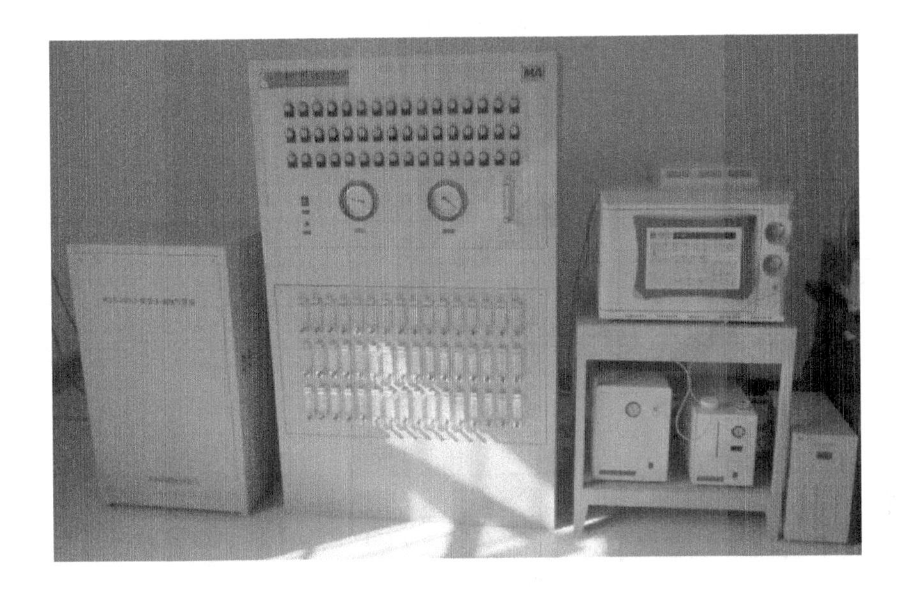

图2-25 束管检测装置

表2-17 束管气体检测数据

束管编号	气体浓度/%				天数/d
	O_2	N_2	CO_2	CH_4	
1	20.7548	79.1418	0.0452	0.0482	1
2	20.7610	79.1466	0.0491	0.0432	
3	20.6420	79.0844	0.0502	0.0433	
4	20.7689	79.1250	0.0585	0.0473	
5	20.7822	79.1134	0.0594	0.0450	
1	20.7392	79.1527	0.0559	0.0522	3
2	20.7310	79.1225	0.0575	0.0890	
3	20.7419	79.1810	0.0482	0.0289	
4	20.7527	79.1044	0.0519	0.0909	
5	20.7681	79.1408	0.0688	0.0224	
1	20.7292	79.1447	0.0679	0.0582	6
2	20.7110	79.1205	0.0595	0.1090	
3	20.6164	79.2158	0.0643	0.1035	

表 2-17（续）

束管编号	气体浓度/%				天数/d
	O_2	N_2	CO_2	CH_4	
4	20.6184	79.1904	0.0521	0.1390	6
5	20.4636	78.7776	0.0621	0.6966	
1	20.6944	79.0586	0.0666	0.1784	9
2	20.6109	78.9509	0.0623	0.3752	
3	20.5158	78.9763	0.0663	0.4706	
4	20.5104	78.7154	0.0581	0.7180	
5	20.3576	78.3811	0.0681	1.1932	
1	20.4879	79.0586	0.0678	0.3784	12
2	20.4358	78.7653	0.0861	0.7128	
3	20.3485	78.5916	0.0815	0.9784	
4	20.2347	78.5015	0.0873	1.1738	
5	20.2167	78.4463	0.0918	1.2252	
1	20.4897	78.9059	0.0786	0.5258	15
2	20.2485	78.4711	0.0898	1.1906	
3	20.2438	78.4478	0.0928	1.2156	
4	20.1473	78.5511	0.0924	1.2092	
5	20.0176	78.6561	0.0932	1.2331	
1	20.2879	78.7283	0.0876	0.8962	18
2	20.1458	78.5569	0.0938	1.2035	
3	20.0348	78.6368	0.0943	1.2328	
4	20.0537	78.6145	0.0944	1.2374	
5	20.0476	78.6201	0.0945	1.2378	
1	20.1597	78.5551	0.0926	1.1926	21
2	20.0485	78.6323	0.0939	1.2253	
3	20.0248	78.6473	0.0941	1.2338	
4	20.0237	78.6440	0.0947	1.2376	
5	20.0267	78.6396	0.0950	1.2387	
1	20.0759	78.6133	0.0939	1.2169	24
2	20.0658	78.6057	0.0942	1.2343	

表2-17（续）

束管编号	气体浓度/%				天数/d
	O_2	N_2	CO_2	CH_4	
3	20.0693	78.6023	0.0943	1.2341	24
4	20.0573	78.6101	0.0948	1.2378	
5	20.0565	78.6095	0.0951	1.2389	
1	20.0597	78.6164	0.0943	1.2296	27
2	20.0585	78.6125	0.0945	1.2345	
3	20.0549	78.6149	0.0952	1.2350	
4	20.0573	78.6095	0.0953	1.2379	
5	20.0567	78.6088	0.0955	1.2390	
1	20.0395	78.6363	0.0944	1.2298	30
2	20.0305	78.6400	0.0948	1.2347	
3	20.0348	78.6347	0.0953	1.2352	
4	20.0323	78.6341	0.0956	1.2380	
5	20.0327	78.6326	0.0958	1.2389	

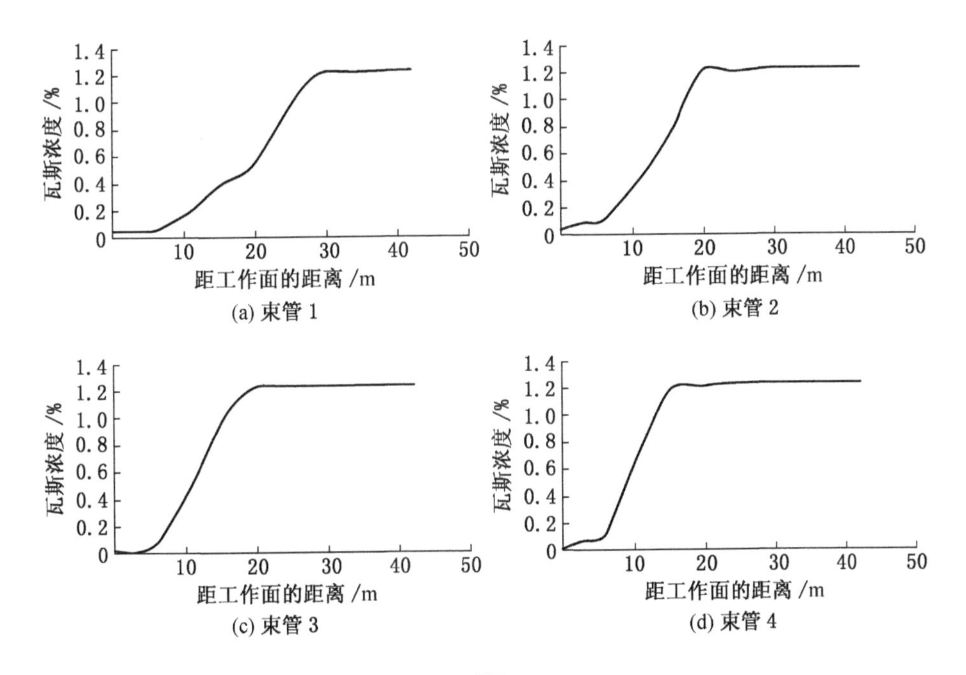

(a) 束管1

(b) 束管2

(c) 束管3

(d) 束管4

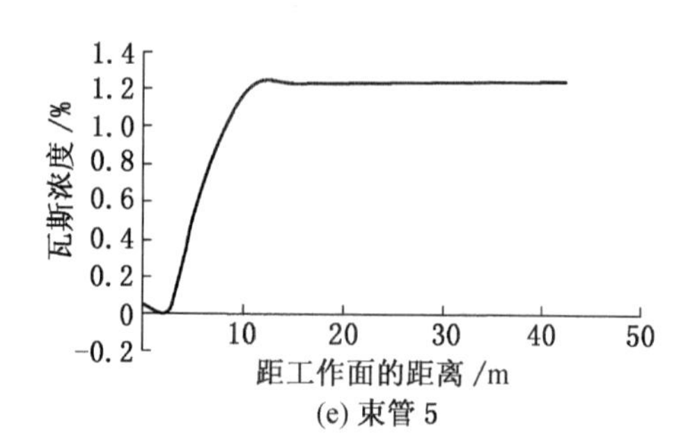

(e) 束管 5

图 2-26　瓦斯浓度与采空区埋深的关系图

由瓦斯浓度与采空区埋深关系图可以看出，在采空区内到工作面不同距离（不同深度）处，由于上覆岩层弯曲下沉变形存在差异，因此采空区内的垮落岩石受挤压后所到达的密实程度不同。所以，在采空区不同深度，瓦斯浓度变化比较大。在工作面中部，深度 15 m 左右出现强流区与渗流区的边界线，而在上下巷一般在 30 m 左右出现强流区与渗流区的边界线。在束管检测过程中，同时也针对 C_2H_6、C_2H_4、C_2H_2 和 CO 进行检测，但没有发现乙烯等其他烃类气体，所以采空区内不存在煤体高温点。

3 采场上覆岩层运动对采空区瓦斯流动的影响规律

3.1 采场上覆岩层运动的基本特征

当煤层被开采后，便形成了无支撑的空间，煤层的上覆岩层及底板岩层失去支撑和载荷，受力发生改变，岩体内部未采动前的力学平衡状态遭到破坏。因此，煤层之上的岩层和底板岩层的运动状态将发生显著改变，产生移动、变形和破坏，直至到达新的受力平衡，以上变化过程称为岩层移动。

随着采煤工作面的不断推进，在采空区内将形成大范围顶板悬空区域。在此过程中，首先将引起直接顶的变化。一般情况下，直接顶随着采煤工作面的推进而冒落，基本顶由于岩性坚硬、厚度大，力学平衡状态相对稳定，在开采初期并不发生破断。但是随着采空区上方悬露顶板范围的不断扩大，沿工作面的推进方向达到顶板的极限跨距时，直接顶岩层在自身重力及其上覆岩层载荷的作用下，第一次大面积垮落，称为直接顶的初次冒落。其标志是直接顶垮落高度大于1.5 m，范围超过工作面长度的一半。在这个过程中，由于基本顶强度较大，并没有随着直接顶的垮落而垮落，而是继续呈悬臂状态。此时，可以将基本顶视为一端由煤壁支撑另一端由边界煤柱支撑的固定梁。随工作面的推进，基本顶弯矩不断增长，产生的变形和破坏程度逐渐增大，当基本顶之上的覆岩载荷超过了基本顶岩石间的内聚力和内摩擦力时，基本顶达到了强度极限，将形成断裂，如图3－1所示。

断裂过程中由于煤层上覆岩层的物理性质和力学性质不同，所以呈现了多种的断裂形态，有压缩引起的横向拉伸破坏（称为压裂破断），有压缩而引起的X剪切破坏，还有沿45°方向的破坏；以及“O”形破坏形态，如图3－2所示。

在多数情况下呈现为长壁工作面自开切眼向前推进一段距离时，首先在悬露基本顶的中央及两个长边形成平行的断裂线 I_1、I_2，再在短边形成断裂线Ⅱ，并与断裂线 I_1、I_2 贯通，最后基本顶岩层沿断裂线Ⅰ和Ⅱ回转且形成分块断裂线Ⅲ，而形成结构块1、2。基本顶在采空区中部接触矸石后，运动较平缓。基

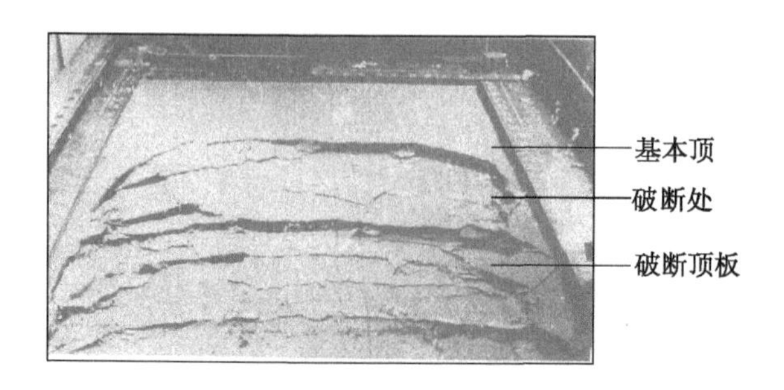

图3-1　顶板垮落图

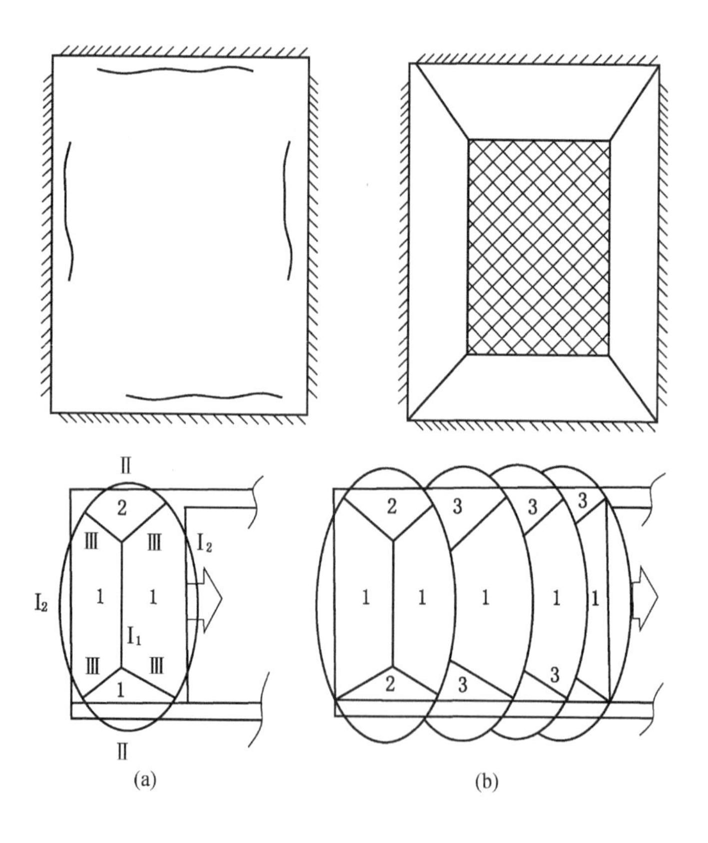

图3-2　顶板破断图形

本顶初次破断后的平面图形近似呈椭圆状，随着工作面的继续推进，顶板出现周期性垮落，依次出现断裂线 I_2，并绕周边断裂线Ⅱ回转形成周期性顶板垮落（图 3－2b），又形成新的结构块。

基本顶的第一次断裂对采场产生的扰动称为基本顶初次来压。之后会呈现随着工作面每推进一定距离后就会垮落一次的特征，这一距离称为周期来压步距。不同煤层顶板对应不同的初次来压步距和周期来压步距。但当基本顶垮落后，基本顶之上的岩层便随之产生向下的移动和弯曲，并向上延续，在经过一段时间后，破断所造成的影响将波及地表，引起地表的下沉，最终在地表形成一个比采空区范围大的沉陷盆地。由多矿区实际现场观测所得的资料，可总结出岩层移动和变形特征及应力分布情况：在岩层移动过程终止后，形成自上而下具有明显分带性的移动、变形、破坏三带，即冒落带、裂隙带、弯曲下沉带。

3.2　采场上覆岩层运动对采空区瓦斯流场的影响

在地下煤层开采前，岩体在原岩应力场作用下处于一种相对平衡状态，当部分矿体采出后，在岩层内部形成一个采空区，周围岩体的应力状态发生变化导致应力的重新分布，重新分布的结果使岩体产生拉伸、变形和破坏。随着煤矿开采的进行，这种复杂的物理力学过程不断重复，覆岩的破坏在时空上发生转移，从直接顶逐渐向上覆岩层不断发展，最终在地表形成连续的下沉盆地，或者不连续的台阶、裂缝、塌陷坑。从地表破坏的特征及形态来讲，主要有以下 3 种类型：

（1）缓倾斜、中倾斜煤层地表破坏特征及形态，主要有张口裂缝、压密裂缝和漏斗状塌陷坑。

（2）急倾斜煤层地表破坏的特征及形态，主要有漏斗形塌陷坑、槽型塌陷坑和台阶状塌陷盆地。

（3）隐伏型石灰岩岩溶地表破坏特征及形态，主要有开口型岩溶洞穴、裂隙等。

地表移动是表象，是岩层移动传播到地表的沉陷现象，反映了岩层移动的传播方式和移动状况；岩层移动是本质，是地表移动的动力和机理，为地表移动变形的描述和预计提供依据。

在地下开采前，岩层在地应力作用下处于相对平衡状态，当局部矿体采出后，在岩体内部形成采空区，导致周围岩体应力平衡状态发生变化，从而引起应力的重新分布，使岩体产生移动、变形和破坏，直到达到新的平衡。随着采矿工作的进行，这一过程不断重复，是一个复杂的物理、力学过程。一般情况下，当地下工作面开采宽度达到开采深度的 1/4～1/3 后，岩层移动便波及地表，使受采动的地表从原有标高向下沉降，此时的开采距离称为工作面开采启动距。在采空区地表形成一个较小的地表移动盆地 W_1，如图 3-3 所示。当工作面向前推进到 2 时，地表下沉范围不断扩大，形成下沉盆地 W_2；当开采距离达到 3 位置时，地表下沉值达到该地质和采矿条件下的最大值，此时的开采为充分开采，形成下沉盆地 W_3；工作面继续向前推进到 4 时，下沉盆地范围继续扩大，此时最大下沉值不再增加，工作面开采达到了超充分开采，形成下沉盆地 W_4。

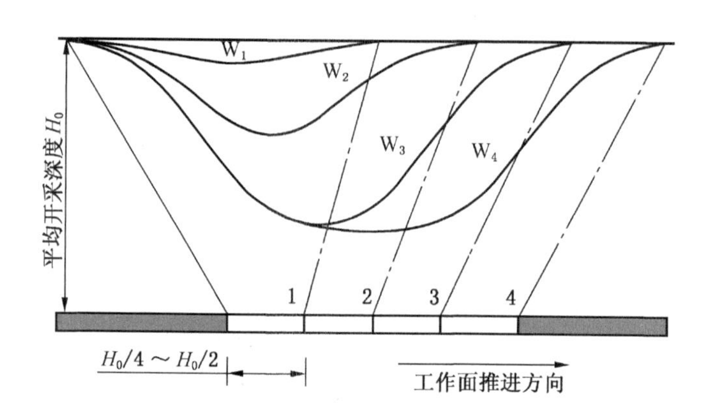

图 3-3　地表下沉成盆地形成过程

显然，地表下沉盆地的形成经历了一个动态发展变化的过程。而且，该过程一般划分为 3 个阶段，初始阶段、快速发展阶段和减弱阶段。覆岩内部岩层运动过程与此类似。实测资料表明，一般情况下，当工作面推进到 $(1.2 \sim 1.4)H_0$ 时，地表移动达到临界采动程度，按照概率积分理论，此时地表最大下沉值接近最大下沉值，若工作面推进速度为 v，则地表达到充分采动的时间区间为

$$\frac{1.2H_0}{v} \leqslant t \leqslant \frac{1.4H_0}{v}$$

3.3　顶板垮落扰动采空区瓦斯流场试验研究

3.3.1　试验目的

通过试验，揭示在不同顶板垮落方式和来压步距时，顶板垮落对采空区三带中瓦斯流场的影响，观测瓦斯浓度的分布情况，研究瓦斯在运移过程中与回风巷弱渗流带中煤炭易着火点的相遇情况。

3.3.2　试验方法

针对工作面顶板垮落对采空区气流三带中瓦斯流场变化影响，自主研发相似模拟实验台，如图3－4所示。

(a) 侧视图　(b) 俯视图

(c) 通风机通风图　(d) 支柱支撑图

图3－4　试验装置图

实验台由底板、采空区、工作面两巷、顶板以及实体煤壁5部分组成。底板实验台是用厚60 mm、长600 mm、宽600 mm的泡沫为主体，底板岩石色的彩绘纸外包。采用特殊颜色映衬，利于观测试验现象。例如，煤体采用厚150 mm、长420 mm、宽200 mm的泡沫加黑色彩绘纸包装而成，其他部分均是采用5 mm厚的透明有机玻璃组合而成，在表面上画有10 mm×10 mm的方格网，用于观测和记录初始位置、最大位移位置、最终点的位置以及个别特殊位置。

实验台最大长度为1.2 m，最大高度为600 mm，最大宽度为600 mm。实验台中采空区顶板来压步距的长度可以调节改变，以便能够实现模拟工作面顶板在不同推进长度、不同顶板岩性（用悬臂长度来区分岩性的坚硬程度）以及不同顶板高度的情况下垮落时，对顶板下方的采空区瓦斯的扰动。实验架上方还需要用透明有机玻璃板加盖，在板与板相交接的地方用透明胶带进行密封，防止漏气，保证试验的初始条件与现场实际情况相似。

顶板未垮落时，由从底板实验台下方穿过的细支柱来支撑，通过支柱的下落来控制顶板的下落，通过控制顶柱的下落速度来控制顶板的下落速度，通过每块板速度的调节实现顶板不同形式的垮落。用透明有机玻璃模拟顶板，考虑到现场中采空区顶板的垮落并非每次都是整体性垮落，所以将有机玻璃分为 A、B、C 3 块，从回风巷向进风巷方向依次编号为 A、B、C。同种周期来压步距下 A、B、C 3 块有机玻璃板的长度是相同的，宽度也基本一致，其长度均为周期来压步距。每种周期来压步距的对应关系如下：10 m 周期来压步距时对应 A_1、B_1、C_1；15 m 周期来压步距时对应 A_2、B_2、C_2；20 m 周期来压步距时对应 A_3、B_3、C_3；25 m 周期来压步距时对应 A_4、B_4、C_4。

针对瓦斯流场的模拟是本试验需要解决的关键问题。由于瓦斯是可燃性气体，具有爆炸危险性，如果直接采用瓦斯进行试验，需要采取充分的安全措施，防止在试验过程中产生瓦斯的集聚和爆炸。为了降低试验风险性，在考虑不更换试验设备的前提下，拟选择烟雾作为相似气体代替瓦斯进行模拟试验。但烟雾的密度比瓦斯大，且由于烟雾具有一定的不透明性，不能观测到完整的流动轨迹。最初位置的烟雾会被后续吹进的烟雾替代，发生混合，所以无法定位观测。除此之外，烟雾流动受到风流的影响较大，考虑到风流的模拟是通过风扇实现的，要想烟雾有较好的流动效果，需要将风速加大到比瓦斯的风速高几倍时才能有流动效果，所以与实际不符。

当采用氢气球模拟瓦斯流动时，需要氢气球的体积较小，但在气囊的重力作业用下，氢气球不容易漂浮，并且受试验模型空间的限制，氢气球体积增量极为有限，且体积过大会导致试验现象失真，不符合相似原理的要求。此外，氢气同样属于易燃易爆气体，实际操作过程中存在危险，所以排除了氢气球方案。

经过多次测试比较，多根羽绒模拟时能观察到随顶板垮落时的运动，但是无法实现轨迹的区分和观测；单根羽绒质量轻，极易漂浮，通过录像的方式可以清晰地记录羽绒在顶板下落干扰下的运动轨迹，通过后期录像的慢放能够实现其轨迹的绘制，而且羽绒经济实惠，易于操作，能够满足大量反复试验的要求。因此，综上比较，本试验采用单根羽绒的方案来模拟瓦斯流动。

为了保证实验室中工作面的通风量，在实验台的进风巷口布设一台电压 6 V、电流 400 mA 小型压入式风扇，用来模拟通过工作面的风流。试验前 1 min 先接通电源，等风流稳定后再进行顶板垮落的试验。考虑到如果在回风巷一侧进行通风，保证风流方向从进风巷到回风巷的流动方向，则应该采用抽出式通风。但是，在实际模型中，采用抽出式布置的风扇距采空区距离相对较近，模拟瓦斯所采用的羽毛很容易被吸入到风扇中。因此，决定采用在进风巷口用风扇向进风巷压风的方式通风，同时保证风流风速满足实际工作面通风的要求，且在 0.25 ~ 4 m/s 之间。试验模拟中可以根据需要将风扇电压在 2 ~6 V 之间调节。需要说明的是，由于在进风巷强流区三带范围的划分存在争议，而回风巷一侧的采空区气流三带划分已基本形成较为统一的认识。因此，只是采用了在回风巷一侧进行模拟试验。

在试验过程中，实验台除了留有一定宽度的两巷通道外，其他部位是密封的，防止出现漏气现象。由于瓦斯的密度比空气小，瓦斯积聚一般出现在巷道上部，在巷道底部瓦斯含量较少。而直接顶垮落后的矸石是散落在采空区底板上的，并没有充满采空区巷道的整个高度，上部的空间由瓦斯占据，因此可以不模拟直接顶板冒落后的碎块所在底板上占据的高度。本试验不采用向采空区内放置碎石块来模拟冒落带高度特征的试验措施，而是事先在采空区范围内通过冒落带高度公式的计算,将冒落的高度折合成顶板的实际高度。例如:煤层厚度为 3.5 m，冒落带高度为 1.5 m，则顶板的实际垮落高度应为 2 m。

试验时，在采空区充入一定量的白色和红色的羽绒能够反映气流变化，既不会影响试验的可靠性，而且也容易观测试验现象。试验时由两人操作顶板的垮落，两人用录像机及时地、全范围地记录在顶板垮落过程中瓦斯气体的移动变化情况。在视频数据后期处理时，采用慢放截图的方法将录像进行分解并保存成图片形式，利用事先在透明有机玻璃板上做好的方格网等做计量单位，定性及定量地分析在整个过程中的瓦斯流动变化情况。

3.3.3　试验过程

试验主要是针对回风巷一侧的采空区三带进行观测，但是对于工作面对应的采空区中部区域和进风巷一侧的采空区三带中也略有涉及，相似试验结果如图 3 -5 所示。

工作面对应的采空区中部瓦斯受顶板垮落干扰的特点是：该位置处的气流受到的影响最大，顶板下落的过程中与瓦斯气流发生能量交换，使瓦斯获得较大的动能，气流运动持续的时间较长，在试验中则表现为运动往返次数多。试验中还发现，在进风巷口一侧的试验同回风巷口一侧的实验相比较而言，强流区、弱渗流带以及非渗流区各带的范围均要大。进风巷一侧由于受到进风风流的影响，在顶板垮落时将会看到瓦斯在沿指向采空区方向的水平方向获得初速度要大，所以瓦斯的位移量也要大。对于在强流区内的瓦斯由于受到了进风风流的影响，在顶板垮落时，部分瓦斯并没有在顶板垮落影响下向工作面方向运动，而是向采空区

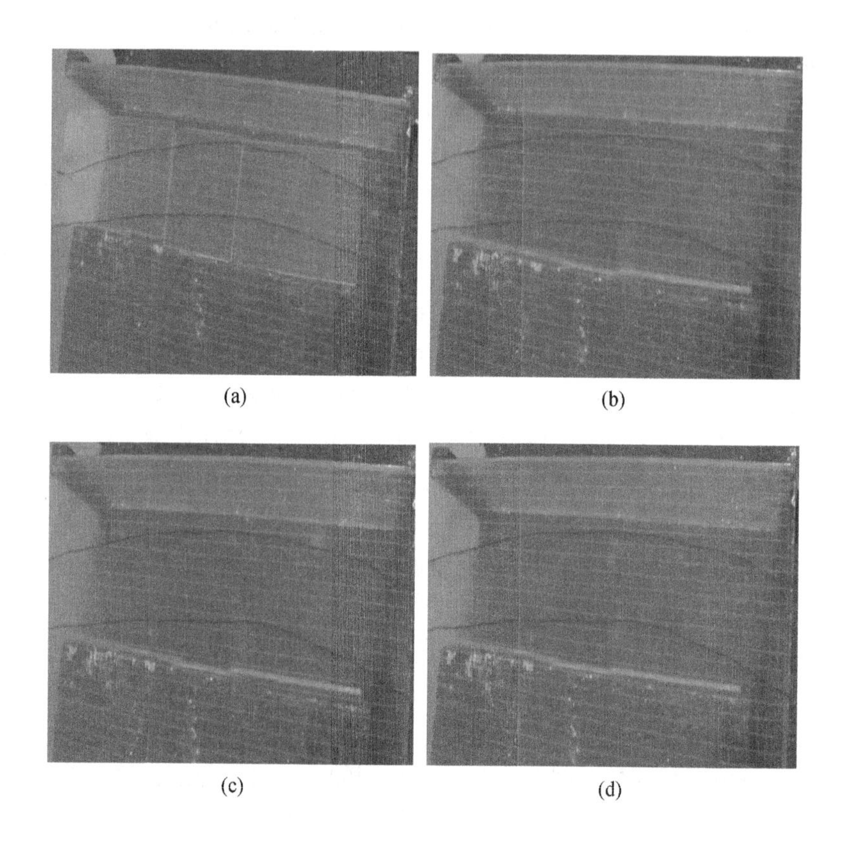

(a) (b)

(c) (d)

图 3－5　顶板垮落扰动瓦斯流场相似试验结果

方向运动，且越接近工作面这种现象越明显。

在对采空区中部和进风巷一侧进行探讨性试验后，将重点对回风巷口的采空区三带在顶板垮落时的瓦斯运移情况进行详细的试验研究。

3.3.4　试验数据

根据试验测试获得瓦斯流动结果，采空区按瓦斯流场运动规律可划分为三带（非渗流区内瓦斯、弱渗流带内瓦斯、强渗流区内瓦斯）。在每一类中根据来压步距的不同分为 4 组（分别是周期来压步距为 10 m、15 m、20 m、25 m），每一组中根据顶板垮落方式的不同又分为 4 种，即 ABC 三块顶板同时垮落、A 块顶板先垮 BC 块顶板后垮、BC 块顶板先垮 A 块顶板后垮、AB 块顶板先垮 C 块顶板后垮。每种垮落方式分别进行 3 次试验，对 3 次试验的结果进行综合处理和记录，各指标均取 3 次试验的平均值（人为失误所导致的明显错误试验不记录）。

因此，需要进行和记录144次有效试验的过程，如图3－6所示。

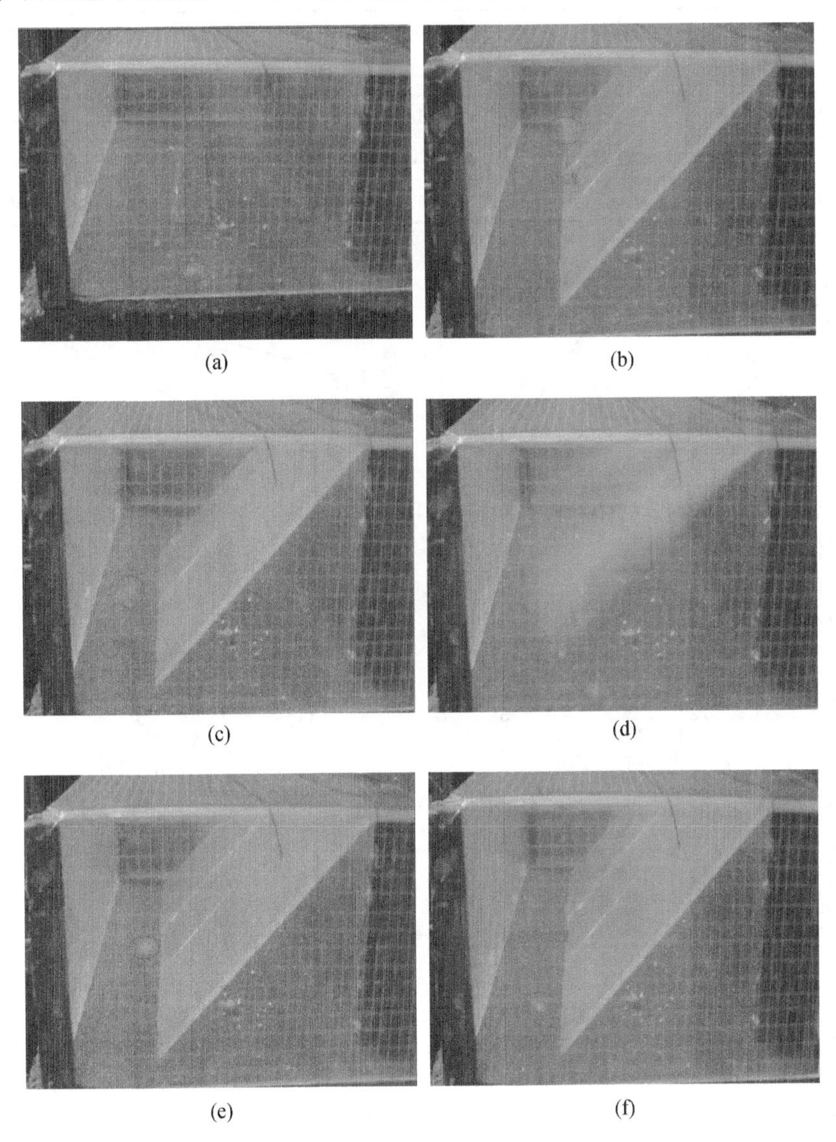

(a) (b)

(c) (d)

(e) (f)

图3－6 顶板垮落引起采空区瓦斯流动现象

1. 周期来压时非渗流区试验数据

周期来压步距为10 m时，非渗流区试验数据见表3－1，瓦斯运移轨迹如图3－7所示。

表3-1　周期来压步距10 m时非渗流区试验数据　　cm

顶板垮落方式	气体位置	X方向位移变化	Y方向位移变化	Z方向位移变化
ABC同时垮落	非渗流区	3.5→0→13→3	3→1→3→5	0→15→0
A先垮	非渗流区	5→3→0	3→8→6	0→5→0
BC先垮	非渗流区	5→3→4→1	4→6→4	0→4→0
AB先垮	非渗流区	5→4→2	6→7→4	0→5→0

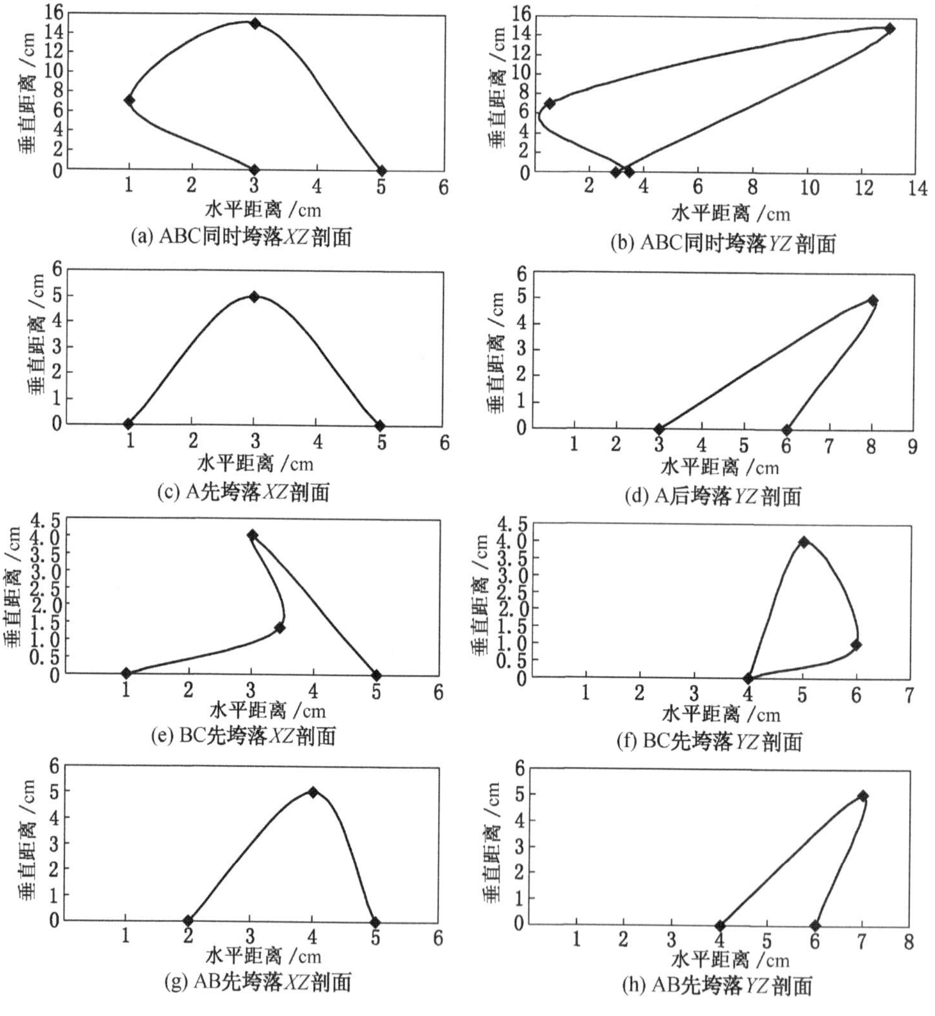
垂直距离/cm
水平距离/cm
(a) ABC同时垮落XZ剖面
(b) ABC同时垮落YZ剖面
(c) A先垮落XZ剖面
(d) A后垮落YZ剖面
(e) BC先垮落XZ剖面
(f) BC先垮落YZ剖面
(g) AB先垮落XZ剖面
(h) AB先垮落YZ剖面

图3-7　来压步距10 m时非渗流区瓦斯运移轨迹

周期来压步距为 15 m 时，非渗流区试验数据见表 3－2，瓦斯运移轨迹如图 3－8 所示。

表 3－2 周期来压步距 15 m 时非渗流区试验数据 cm

顶板垮落方式	羽毛位置	X 方向位移变化	Y 方向位移变化	Z 方向位移变化
ABC 同时垮落	非渗流区	3→5→6	4→3→2	0→4→0
A 先垮	非渗流区	6→8→9	4→4→2	0→2→0
BC 先垮	非渗流区	6→8→10	4→3→3	0→2→0
AB 先垮	非渗流区	6→9→10	4→4→4	0→4→0

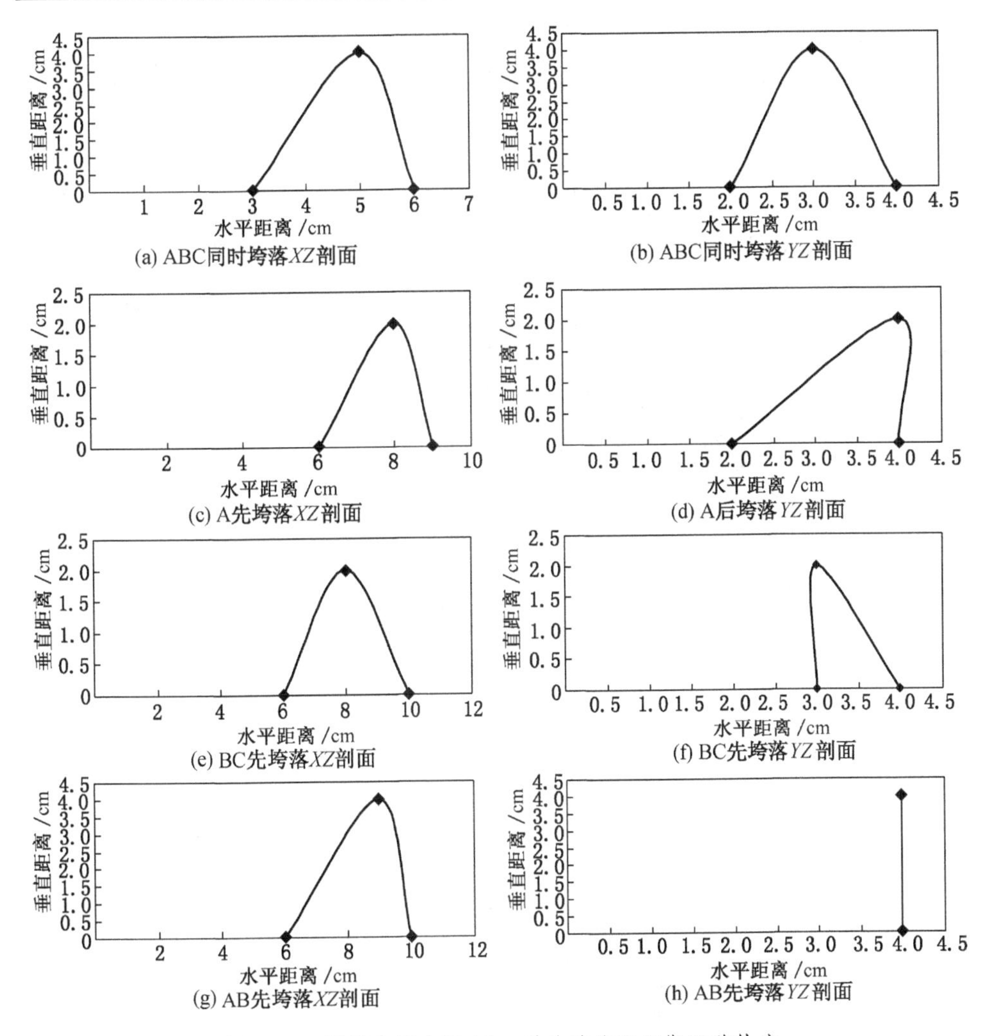

图 3－8 周期来压步距 15 m 时非渗流区瓦斯运移轨迹

周期来压步距为 20 m 时，非渗流区试验数据见表 3－3，瓦斯运移轨迹如图 3－9 所示。

表 3－3　周期来压步距 20 m 时非渗流区试验数据　cm

顶板垮落方式	羽毛位置	X 方向位移变化	Y 方向位移变化	Z 方向位移变化
ABC 同时垮落	非渗流区	5→0→15	3.5→5→2	0→14→0
A 先垮	非渗流区	5→0→13	3→4→1	0→11→0
BC 先垮	非渗流区	5→0→12	3→3→3	0→13→0
AB 先垮	非渗流区	5→0→14	3→2→1	0→14→0

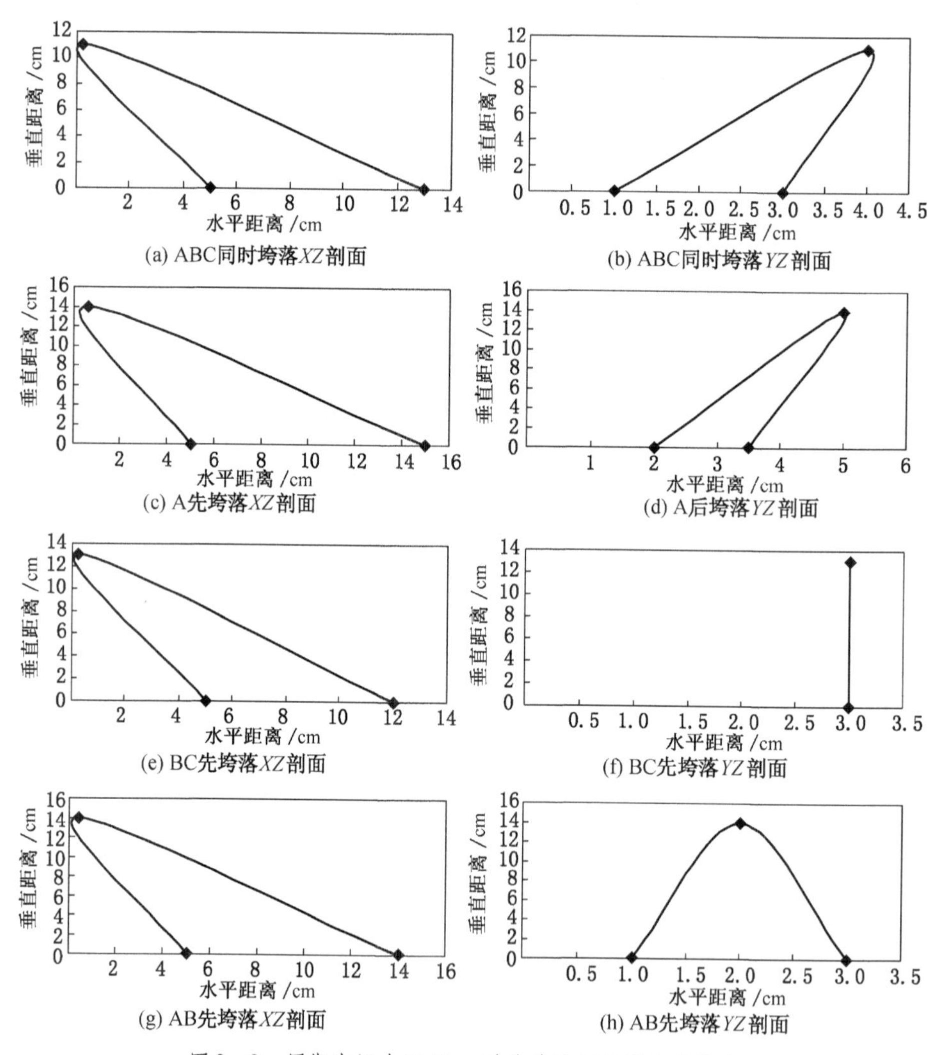

图 3－9　周期来压步距 20 m 时非渗流区瓦斯运移轨迹

周期来压步距为25 m时，非渗流区试验数据见表3－4，瓦斯运移轨迹如图3－10所示。

表3－4　周期来压步距25 m时非渗流区试验数据　　cm

顶板垮落方式	羽毛位置	*X*方向位移变化	*Y*方向位移变化	*Z*方向位移变化
ABC同时垮落	非渗流区	4→0→14	4→2→3.8	0→15→0
A先垮	非渗流区	4→7→3	4→7→4	0→6→0
BC先垮	非渗流区	4→6→4	4→6→3	0→5→0
AB先垮	非渗流区	4→0→10	4→6→3	0→12→0

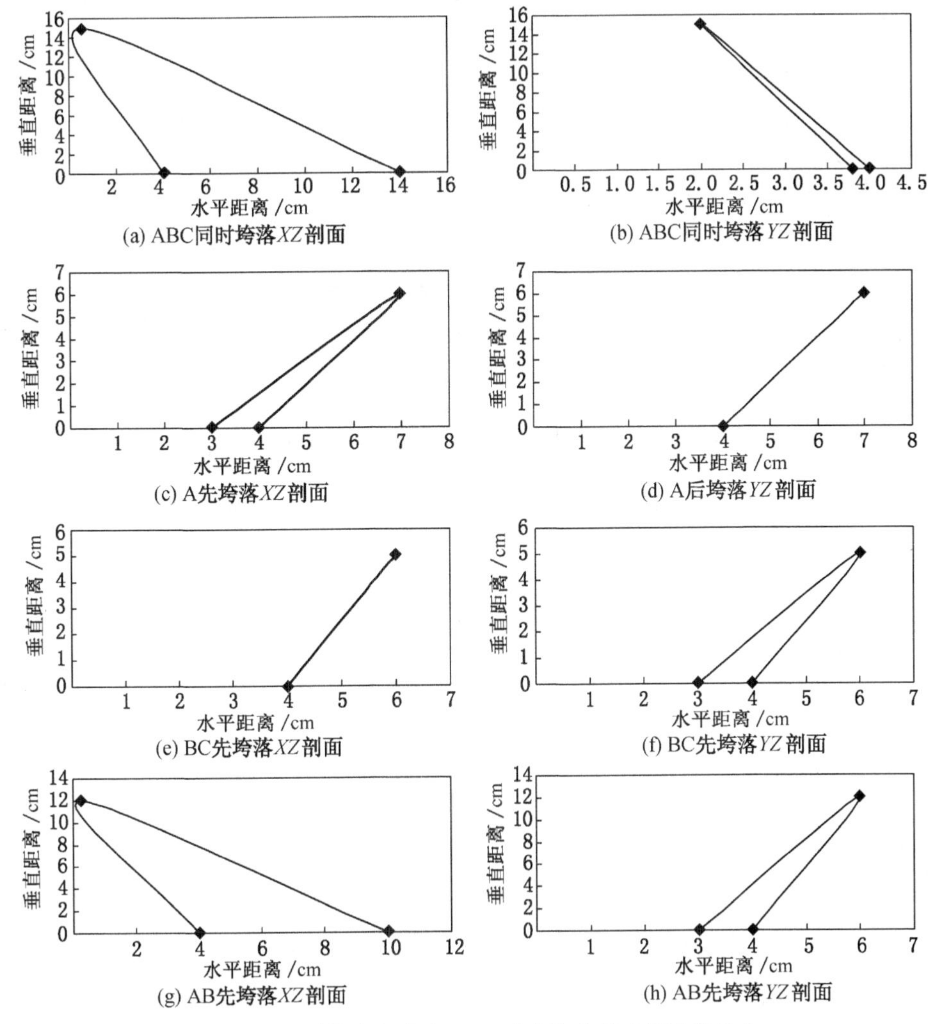

图3－10　周期来压步距25 m时非渗流区瓦斯运移轨迹

2. 周期来压时弱渗流区试验数据

周期来压步距为 10 m 时，弱渗流区试验数据见表 3－5，瓦斯运移轨迹如图 3－11 所示。

表 3－5　周期来压步距 10 m 时弱渗流区试验数据　　cm

顶板垮落方式	羽毛位置	X 方向位移变化	Y 方向位移变化	Z 方向位移变化
ABC 同时垮落	弱渗流区	10→0→6→0	4→6→9→2	0→3→6→0
A 先垮	弱渗流区	10→9→5	3→3→4	0→4→0
BC 先垮	弱渗流区	10→4→0	4→6→7	0→5→0
AB 先垮	弱渗流区	10→0→5	4→5→2	0→5→0

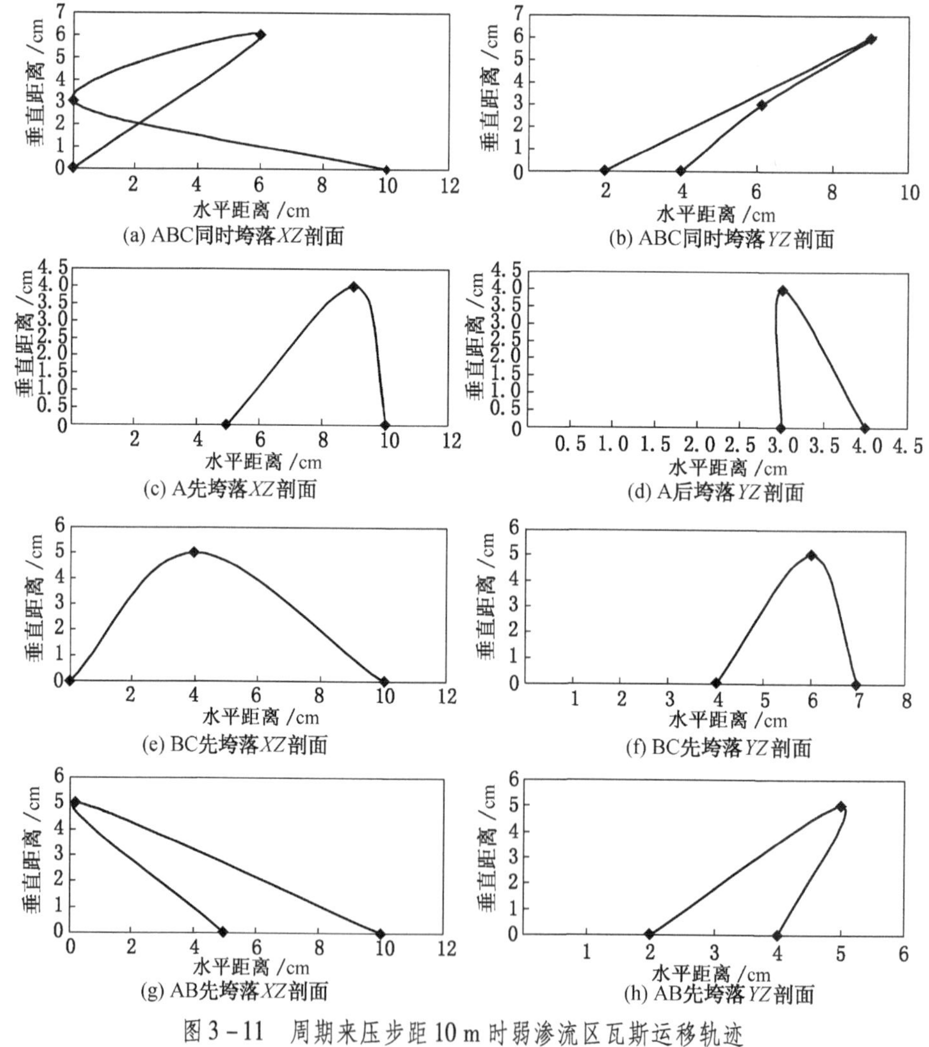

图 3－11　周期来压步距 10 m 时弱渗流区瓦斯运移轨迹

周期来压步距为 15 m 时，弱渗流区试验数据见表 3－6，瓦斯运移轨迹如图 3－12 所示。

表 3－6　周期来压步距 15 m 时弱渗流区试验数据　　cm

顶板垮落方式	羽毛位置	X 方向位移变化	Y 方向位移变化	Z 方向位移变化
ABC 同时垮落	弱渗流区	6→7→3	2→0→4	0→13→0
A 先垮	弱渗流区	6→8→2	3→6→4	0→11→0
BC 先垮	弱渗流区	6→10→1	3→0→3	0→14→0
AB 先垮	弱渗流区	6→10→2	3→7→4	0→14→0

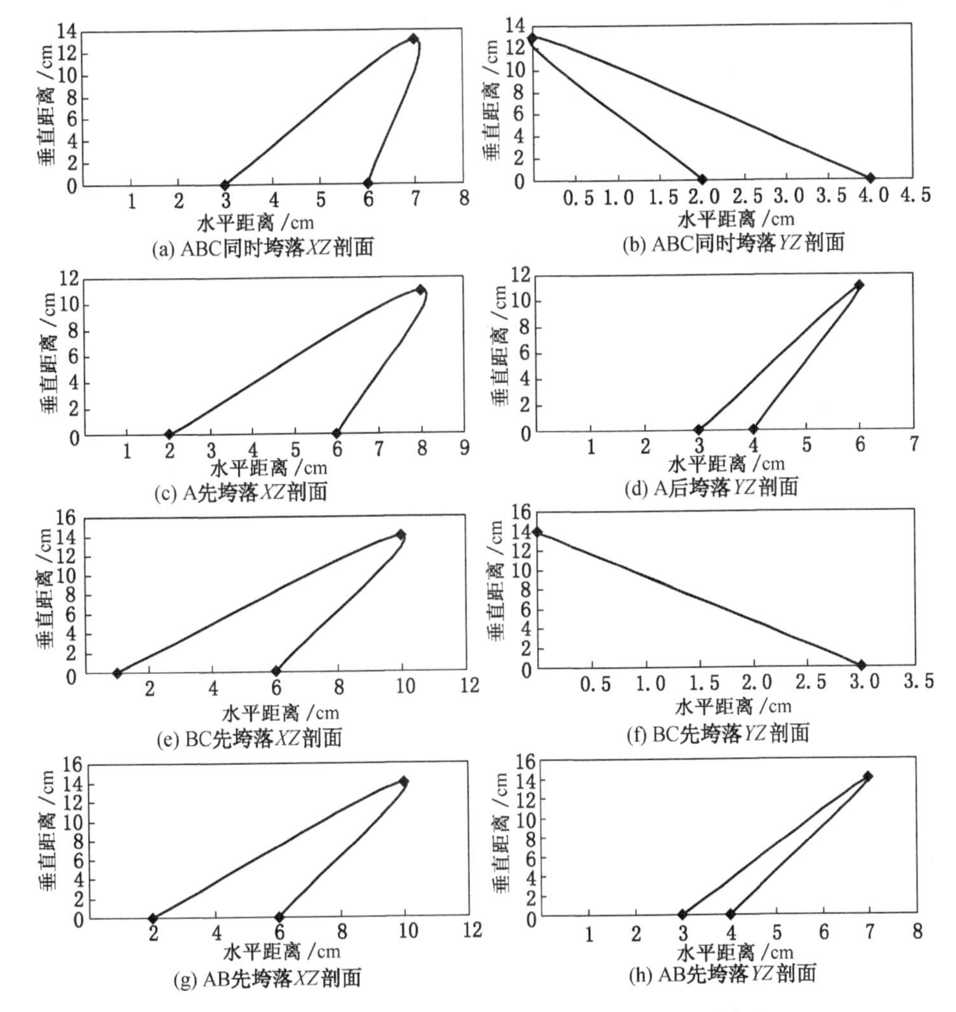

图 3－12　周期来压步距 15 m 时弱渗流区瓦斯运移轨迹

周期来压步距为20 m时，弱渗流区试验数据见表3－7，瓦斯运移轨迹如图3－13所示。

表3－7　周期来压步距20 m时弱渗流区试验数据　　cm

顶板垮落顺序	羽毛位置	X方向位移变化	Y方向位移变化	Z方向位移变化
ABC同时垮落	弱渗流区	10→0→2	3→2→3	0→13→0
A先垮	弱渗流区	10→0→2	3→2→3	0→12→0
BC先垮	弱渗流区	10→6→1	3→0→4	0→12→0
AB先垮	弱渗流区	10→0→2	3→4→2	0→13→0

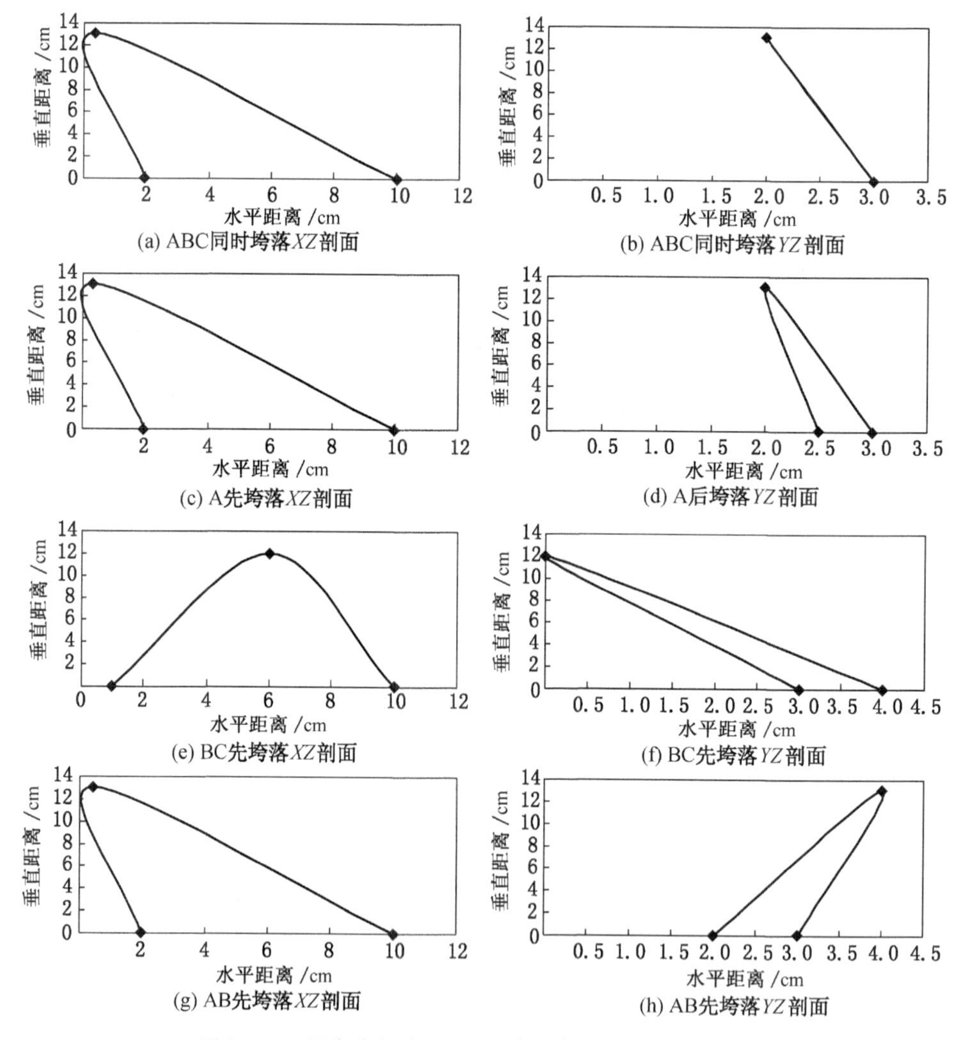

图3－13　周期来压步距20 m时弱渗流区瓦斯运移轨迹

周期来压步距为 25 m 时，弱渗流区试验数据见表 3－8，瓦斯运移轨迹如图 3－14 所示。

表 3－8　周期来压步距 25 m 时弱渗流区试验数据　　cm

顶板垮落顺序	羽毛位置	X 方向位移变化	Y 方向位移变化	Z 方向位移变化
ABC 同时垮落	弱渗流区	10→8→13	4→6→4	0→5→0
A 先垮	弱渗流区	10→7→11	4→4→4	0→4→0
BC 先垮	弱渗流区	10→7→14	4→3→4	0→4→0
AB 先垮	弱渗流区	10→9→14	4→5→5	0→4→0

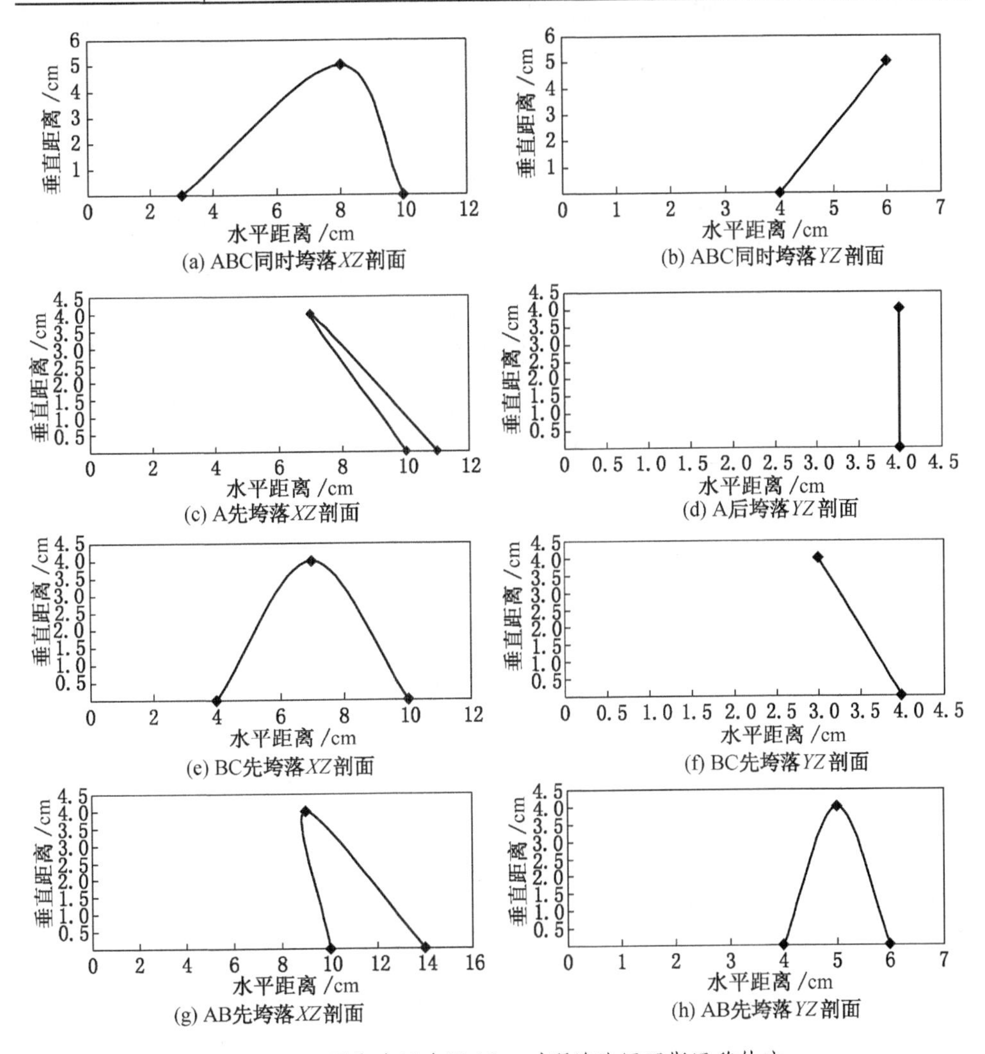

(a) ABC同时垮落XZ剖面　(b) ABC同时垮落YZ剖面

(c) A先垮落XZ剖面　(d) A后垮落YZ剖面

(e) BC先垮落XZ剖面　(f) BC先垮落YZ剖面

(g) AB先垮落XZ剖面　(h) AB先垮落YZ剖面

图 3－14　周期来压步距 25 m 时弱渗流区瓦斯运移轨迹

3. 周期来压时强渗流区试验数据

周期来压步距为 10 m 时，强渗流区试验数据见表 3－9，瓦斯运移轨迹如图 3－15 所示。

表 3－9　周期来压步距 10 m 时强渗流区试验数据　　cm

顶板垮落顺序	羽毛位置	X 方向位移变化	Y 方向位移变化	Z 方向位移变化
ABC 同时垮落	强渗流区	16→20→24	4→3→2	0→4→0
A 先垮	强渗流区	16→19→22	4→4→2	0→2→0
BC 先垮	强渗流区	15→18.5→22	4→3→3	0→2→0
AB 先垮	强渗流区	16→19→24	4→4→4	0→4→0

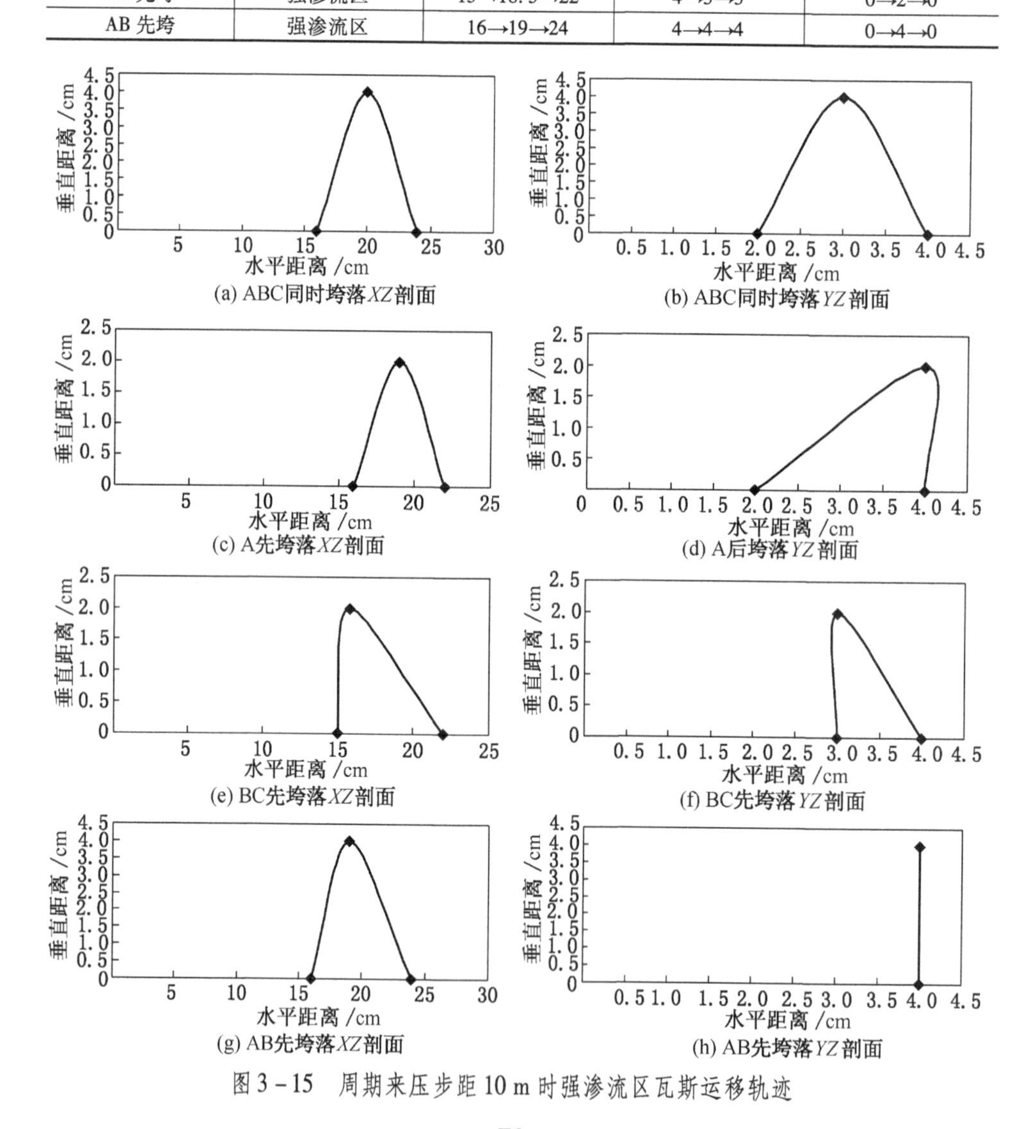

图 3－15　周期来压步距 10 m 时强渗流区瓦斯运移轨迹

周期来压步距为 15 m 时，强渗流区试验数据见表 3 - 10，瓦斯运移轨迹如图 3 - 16 所示。

表 3 - 10 周期来压步距 15 m 时强渗流区试验数据 cm

顶板垮落顺序	羽毛位置	X 方向位移变化	Y 方向位移变化	Z 方向位移变化
ABC 同时垮落	强渗流区	16→18→24	2→2→2	0→6→0
A 先垮	强渗流区	16→17→23	2→3→2	0→5→0
BC 先垮	强渗流区	16→18→23	2→2→2	0→5→0
AB 先垮	强渗流区	16→19→24	2→3→2	0→6→0

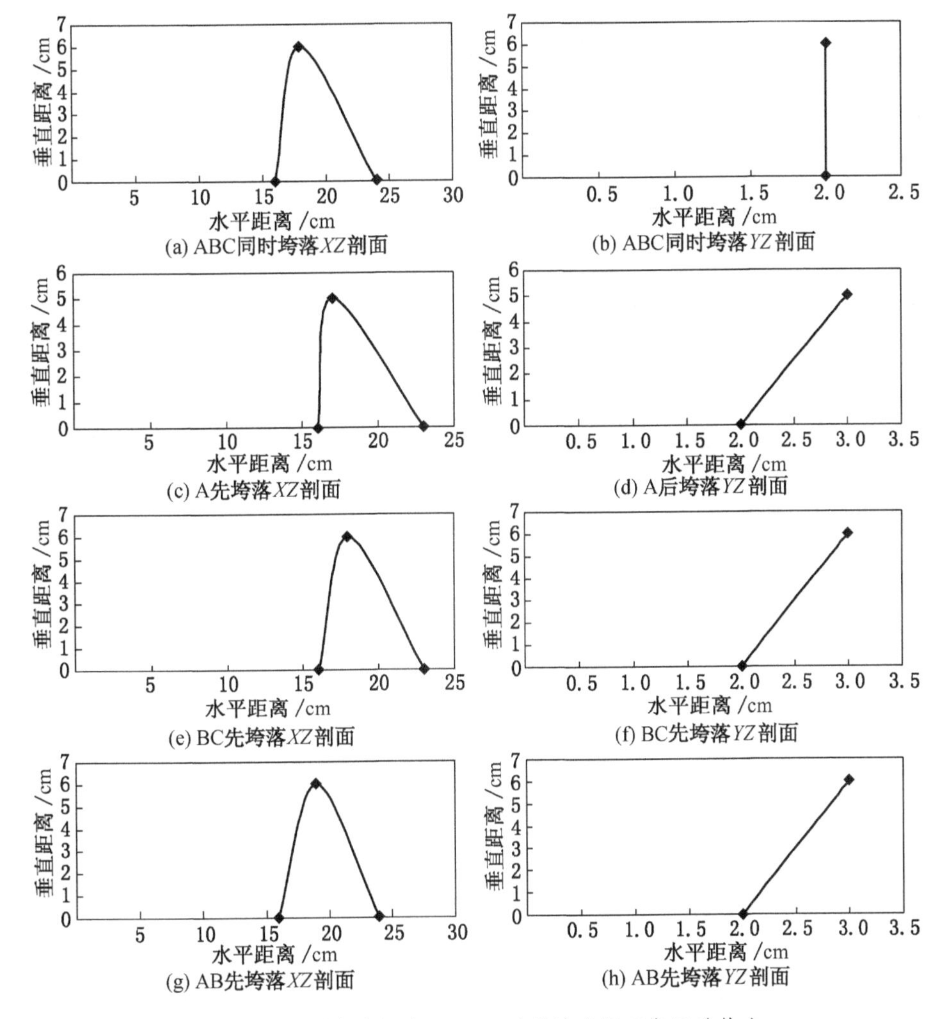

图 3 - 16 周期来压步距 15 m 时强渗流区瓦斯运移轨迹

周期来压步距为20 m时，强渗流区试验数据见表3－11，瓦斯运移轨迹如图3－17所示。

表3－11　周期来压步距20 m时强渗流区试验数据

cm

顶板垮落顺序	羽毛位置	X方向位移变化	Y方向位移变化	Z方向位移变化
ABC同时垮落	强渗流区	16→21→28	3→3→3	0→9→0
A先垮	强渗流区	16→22→28	3→0→1	0→8→0
BC先垮	强渗流区	16→23→28	3→4→3	0→7→0
AB先垮	强渗流区	16→21→30	3→2→2	0→9→0

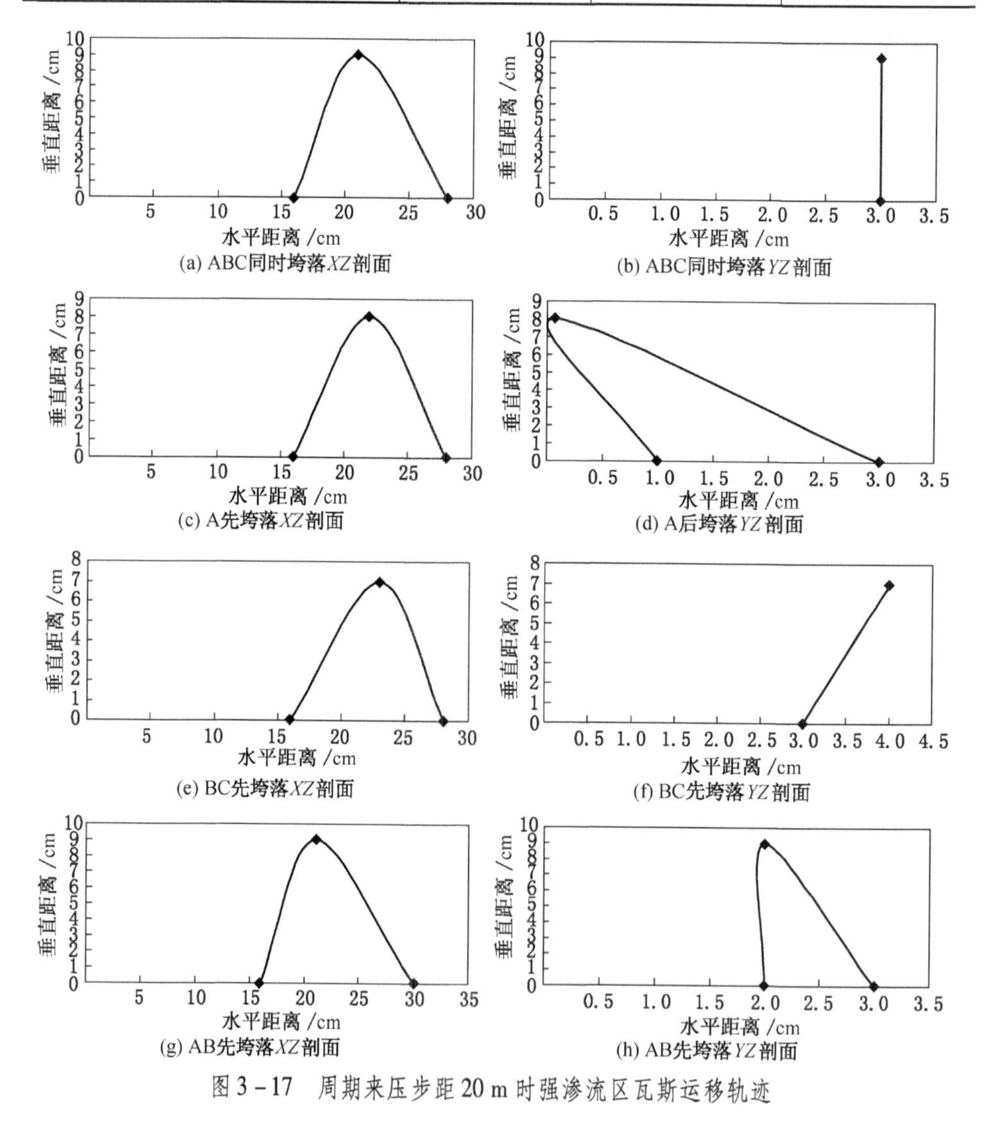

图3－17　周期来压步距20 m时强渗流区瓦斯运移轨迹

周期来压步距为 25 m 时，强渗流区试验数据见表 3－12，瓦斯运移轨迹如图 3－18 所示。

表 3－12 周期来压步距 25 m 时强渗流区试验数据 cm

顶板垮落顺序	羽毛位置	X 方向位移变化	Y 方向位移变化	Z 方向位移变化
ABC 同时垮落	强渗流区	16→19→30	4→4→4	0→4→0
A 先垮	强渗流区	16→21→28	4→5→3	0→3→0
BC 先垮	强渗流区	16→23→28	4→3→4	0→4→0
AB 先垮	强渗流区	16→24→29	4→3→3	0→5→0

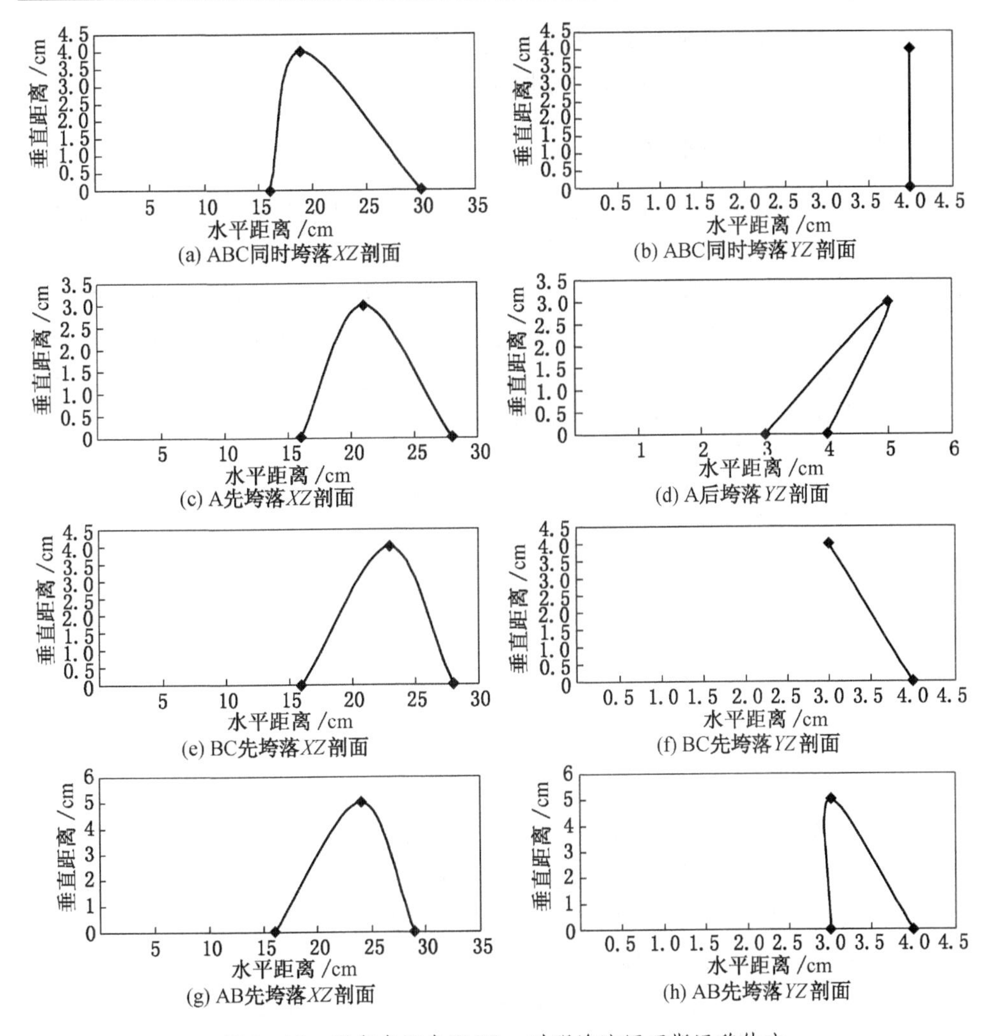

图 3－18 周期来压步距 25 m 时强渗流区瓦斯运移轨迹

3.3.5 试验结论

综合以上试验现象和试验数据可得出如下结论：

（1）同种周期来压步距的顶板垮落时，对采空区三带瓦斯流场的影响不同，主要体现在对瓦斯的方向和瓦斯流动的速度产生的影响存在差异，以及瓦斯流场是否呈现往返方向变化的运动。

（2）不同周期来压步距的顶板垮落时，对同一分带内的瓦斯流场所产生的影响也存在差异，不同周期来压步距的顶板垮落对不同分带内的瓦斯造成的影响更大，差异更大。

（3）瓦斯在弱渗流带内运移时的往返次数越多，与火源点相遇的概率就越大，产生瓦斯爆炸的概率也相应明显增加。

3.4 Fluent 数值模拟

由于基本顶垮落迅速，假设矸石堆积区与离层区无物质交换，沿工作面推进方向做剖面，得到长 15 m、高 2 m 的计算区域。利用 Fluent 的前处理软件 Gambit 建立采空区瓦斯流场二维网格。由于，网格划分得好坏直接影响数值计算的精度和收敛速度，本模型采用非结构化网格划分技术，能自动生成三角形网格并且在局部复杂结构区域细化。根据不同区域的结构需要将工作面部分划分 2852 个网格单元，采空区模型网格划分如图 3－19 所示。

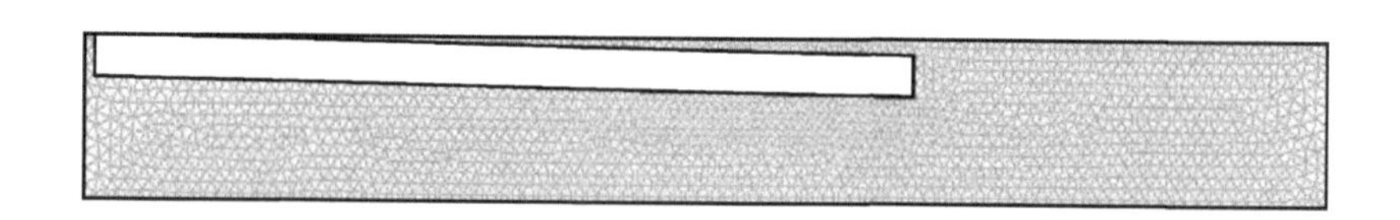

图 3－19 模型网格划分图

3.4.1 动网格参数设定

采用弹簧光顺模型进行计算，弹簧弹性系数（Spring Constant Factor）设为 0.5，边界点松弛因子（Boundary Node Relaxation）设为 0.5。激活局部网格重划模型，设置与局部重划模型相关的参数。最大畸变率设为 0.05，最大和最小长度尺寸均设为 0.01，网格重划情况如图 3－20 和图 3－21 所示。

3.4.2 瓦斯流场计算模型设定

由前述研究结论可知，弱渗流带位于距煤壁 6～10 m 的范围内，该区具有自然发火条件，如果在该区内的瓦斯浓度达到爆炸极限将极有可能发生爆炸。由于

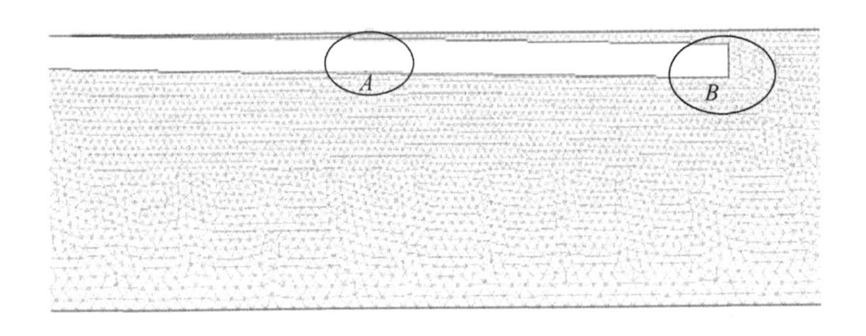

图 3－20　初始网格状态图

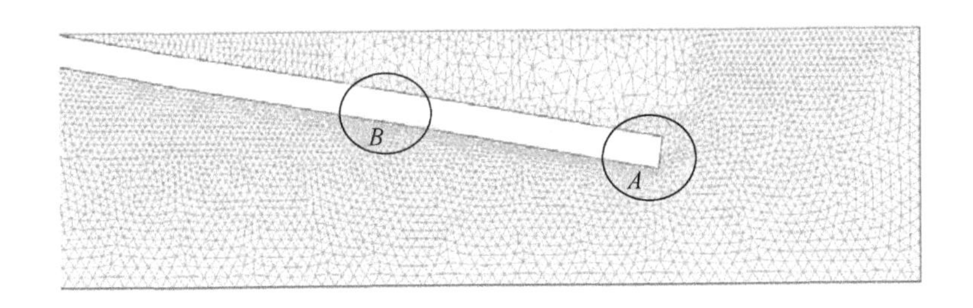

图 3－21　0.05 s 时网格状态图

基本顶的周期垮落步距不同，所以弱渗流带及其相邻区域瓦斯运移的规律也不同，现选择周期垮落步距分别为 10 m、15 m、20 m、25 m，对采空区瓦斯的流场进行数值模拟。

在利用 Fluent 软件进行数值模拟计算之前，需要对采空区气体流动做一些基本假设，所做基本假设有如下几点：

（1）采空区气体为瓦斯空气混合气体，按理想气体进行模拟。

（2）设定矸石堆积区与离层区无气体交换，计算区域下边界按固壁边界条件处理。

（3）忽略气体的扩散作用，忽略与采空区周围的热量交换，采空区壁面等温。

（4）试验中顶板的垮落时间为 0.05 s，观测顶板垮落后的时间为 0.2 s。

3.4.3　10 m 垮落步距瓦斯流场数值模拟

基本顶周期垮落步距为 10 m 条件下，采空区瓦斯流场的速度模拟如图 3－22 至图 3－25 所示。

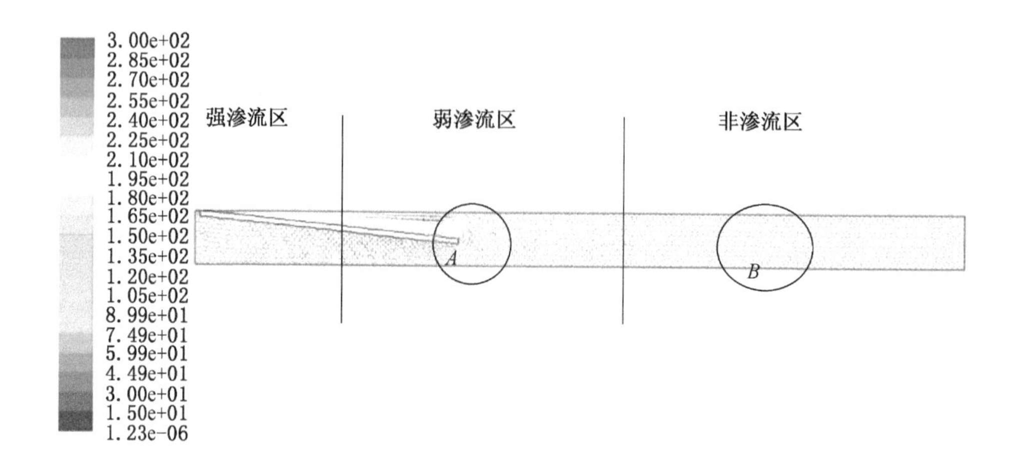

图3-22 10 m步距垮落中速度矢量图

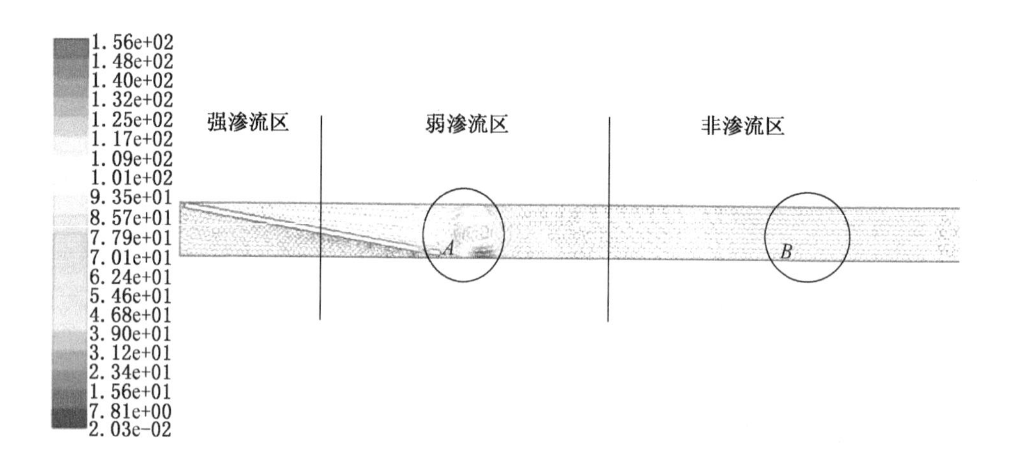

图3-23 10 m步距垮落瞬间

（1）弱渗流区瓦斯运移情况：如图3-26所示，基本顶垮落瞬间，下部瓦斯受到挤压，分别向煤壁方向和采空区方向移动，但很快发生偏转，向采空区侧移动。接近基本顶远端的瓦斯回旋到顶板上方，经过一段时间的气体补充，顶板上方空间逐渐饱和，继而反弹，与弱渗流区瓦斯汇合，在顶板远端产生涡流。之后涡流的范围逐渐增大，波及非渗流区。

（2）非渗流区瓦斯运移情况：如图3-27所示，由于顶板的垮落，顶板上

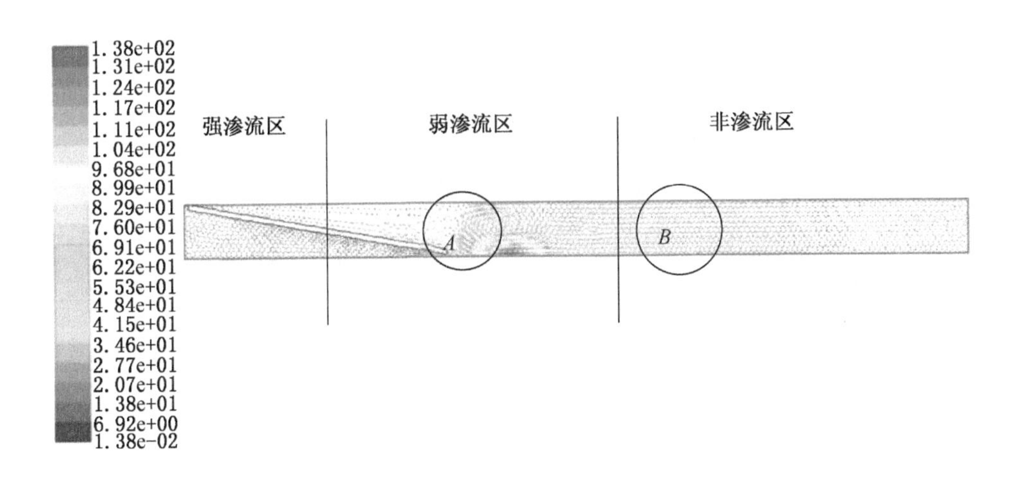

图 3-24　10 m 步距垮落后 0.1 s

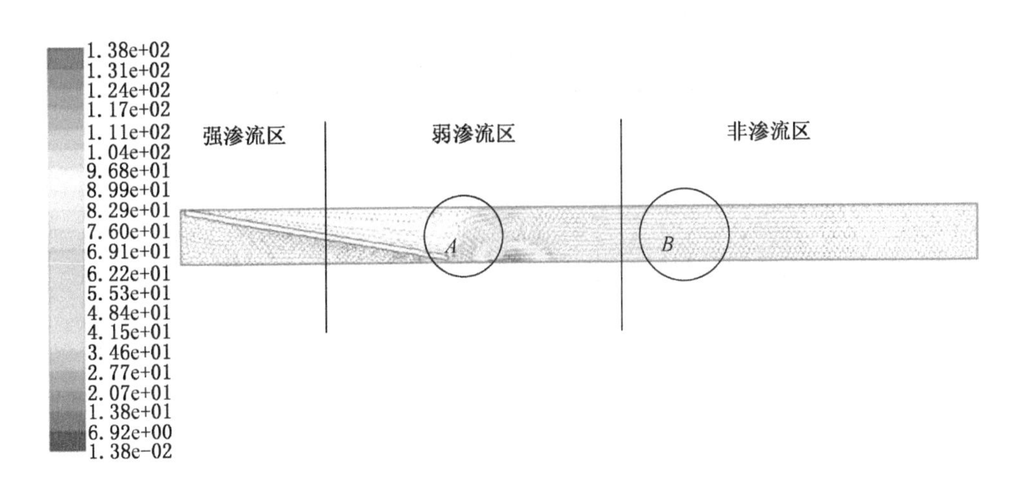

图 3-25　10 m 步距垮落后 0.2 s

方空间增大，产生负压，使得周围气体向顶板上方运移，补充气体的来源主要是采空区浅部的气体。非渗流区受到顶板对气流的扰动，起初表现为气流的往返波动，经过一定的时间，非渗流区受到顶板远端形成的涡流的影响，气体主要表现为上下对流运动。

基本顶垮落过程中，强渗流区的瓦斯受到顶板挤压涌向采场，顶板垮落后，

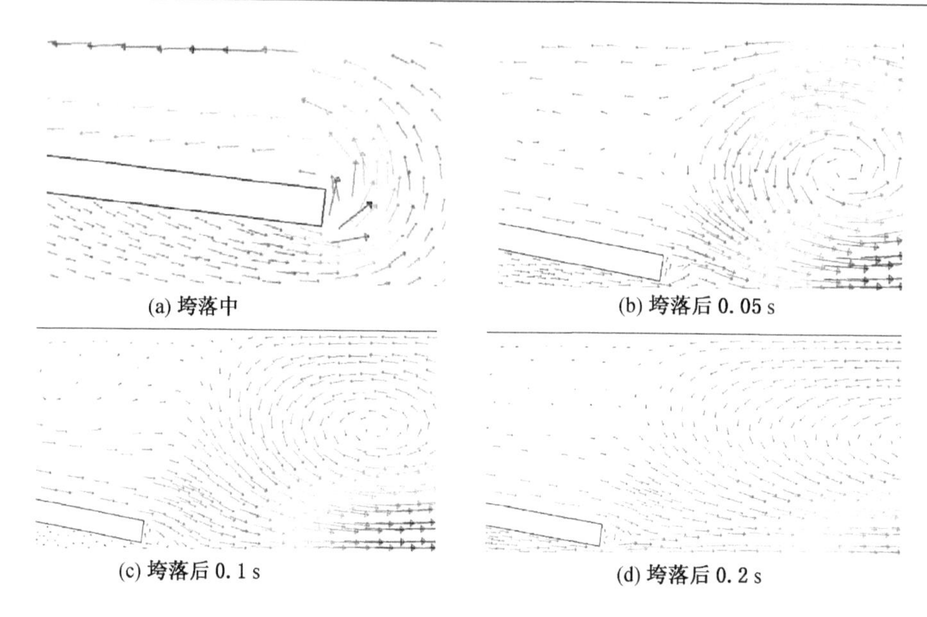

(a) 垮落中　(b) 垮落后 0.05 s

(c) 垮落后 0.1 s　(d) 垮落后 0.2 s

图 3-26　10 m 垮落步距弱渗流区流场图

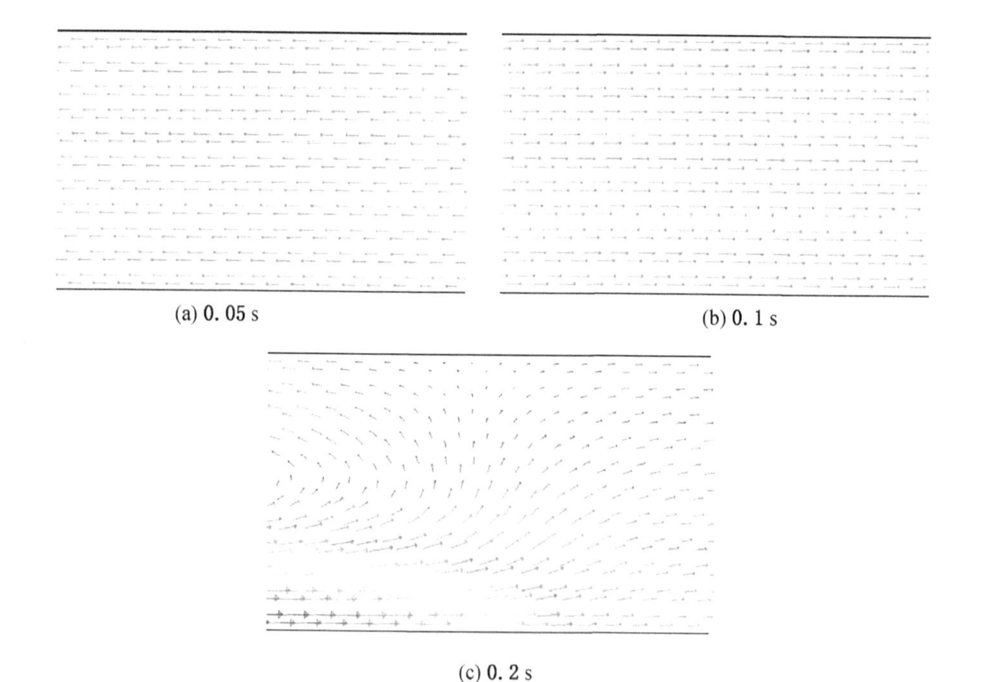

(a) 0.05 s　(b) 0.1 s

(c) 0.2 s

图 3-27　10 m 步距非渗流区局部放大图

由于离顶板远端距离较大，回流现象不明显。强渗流区受到的扰动较小，不同周期来压步距下的顶板对瓦斯的影响是基本一致的，造成的瓦斯运动方向均是向着煤壁方向运动。

3.4.4　15 m 垮落步距瓦斯流场数值模拟

基本顶周期垮落步距为 15 m 条件下，采空区瓦斯流场的速度模拟如图 3 – 28 至图 3 – 31 所示。

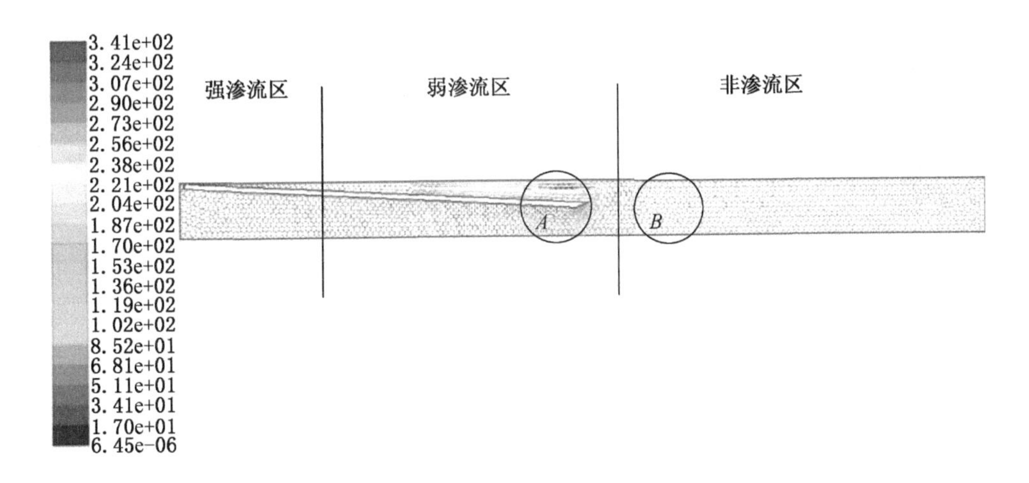

图 3 – 28　15 m 步距垮落中速度矢量图

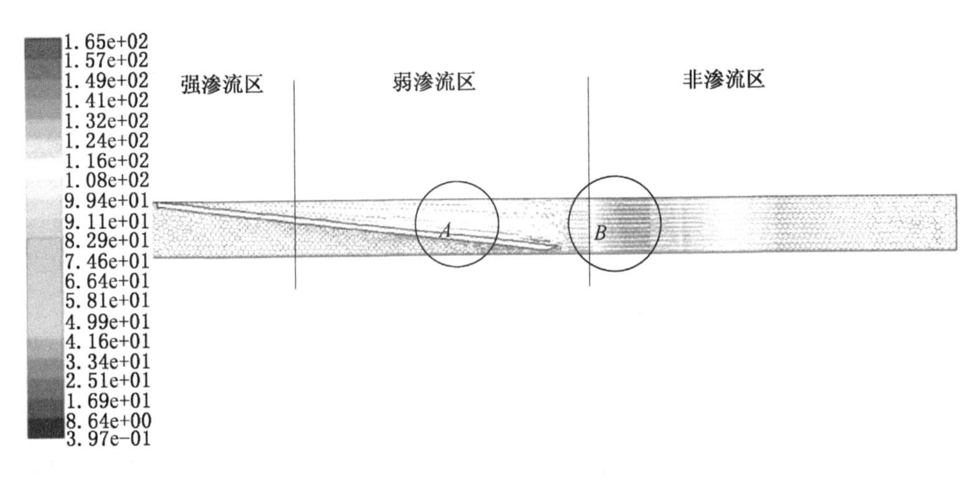

图 3 – 29　15 m 跨距垮落后 0.05 s 速度矢量图

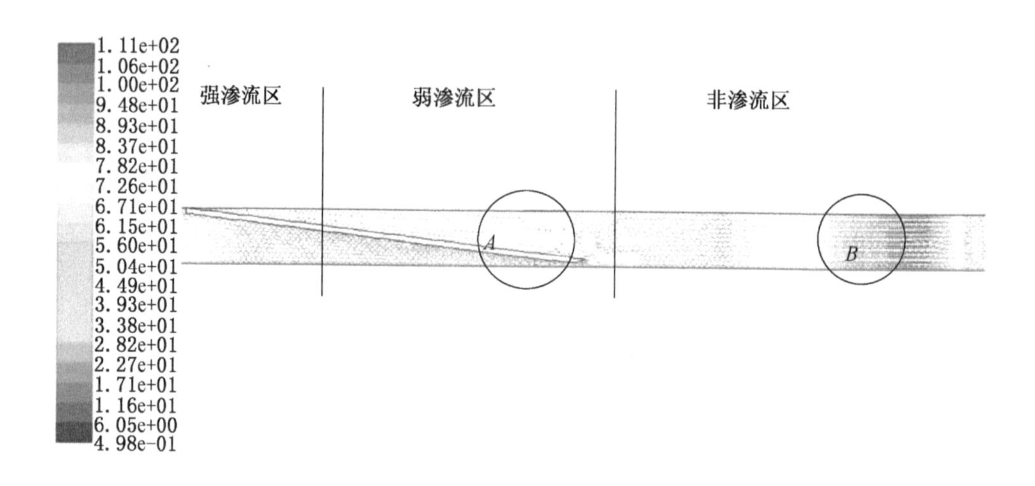

图3-30　15 m跨距垮落后0.1 s速度矢量图

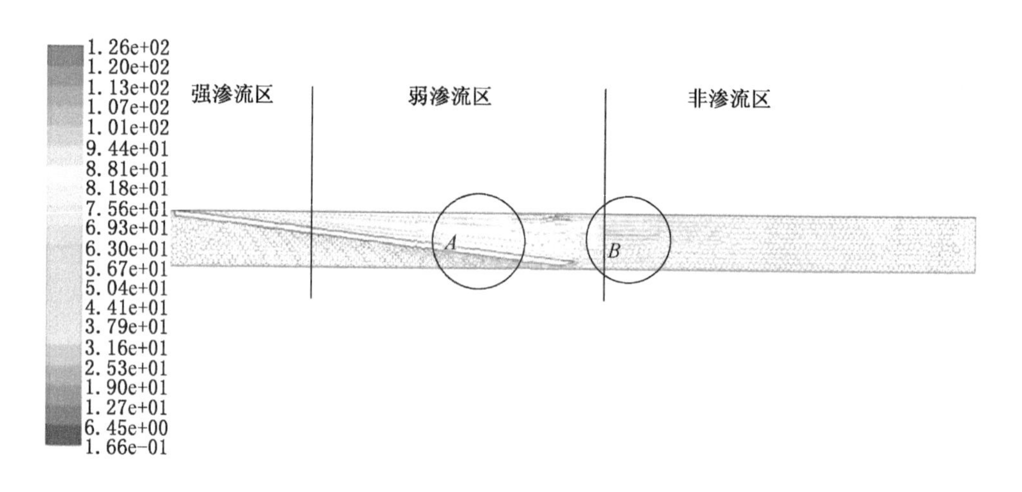

图3-31　15 m跨距垮落后0.2 s速度矢量图

（1）弱渗流区瓦斯运移情况：从图3-32中可以看出，基本顶垮落时，顶板下方弱渗流带内的气体将向上方原基本顶位置的空间内流动。由于受到顶板扰动影响，顶板上方与顶板下方弱渗流带产生的压差将大于与非渗流区的压差。不仅如此，由于弱渗流带的位置距离顶板远端较近，所以弱渗流带的气体将绕过顶板远端，在煤壁上方的负压空间向煤壁方向流动。经过一段时间，顶板上方气体部分沿下部折返，上壁面的气流方向始终是朝向煤壁。

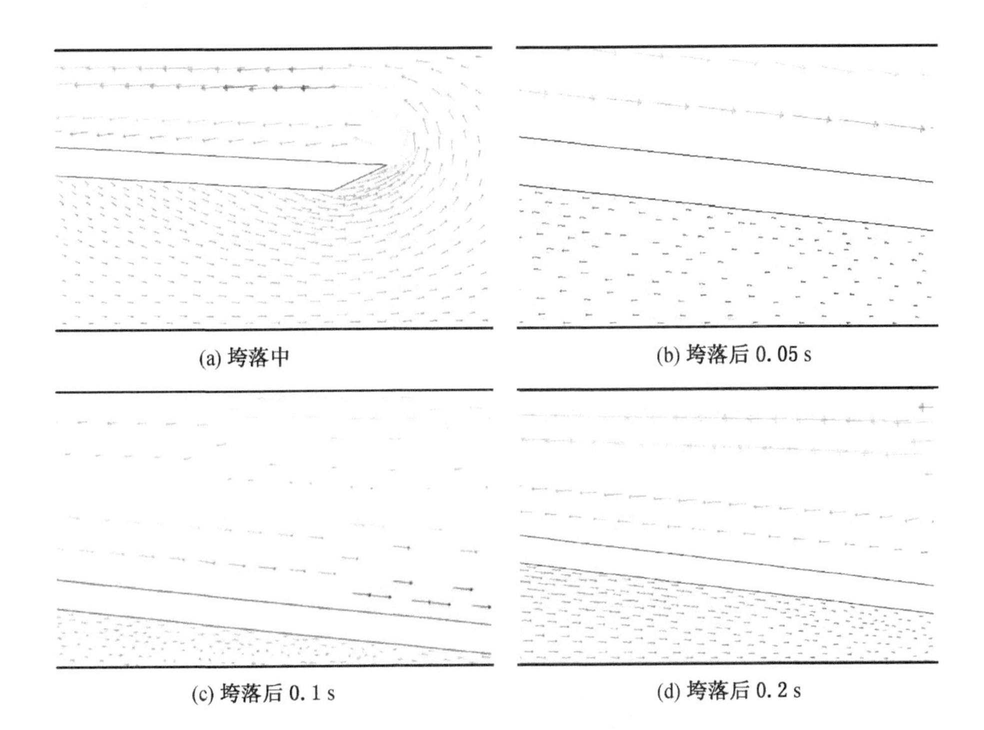

图 3－32　15 m 步距弱渗流区局部放大图

（2）非渗流区瓦斯运移情况：由图 3－33 所示可以看出，基本顶垮落后，在负压作用下非渗流区有少量气体补充顶板上空区。随着顶板垮落，破断岩块越来越接近下壁面，弱渗流带的补充源逐渐减小。顶板垮落后，非渗流区的气体成了顶板上空区的唯一气体来源。因为流动区域内气体具有可压缩性，在顶板上方负压这一初始动力影响下，非渗流区内气体流场体现为前后波动，并有形成涡流的趋势。

3.4.5　20 m 跨距瓦斯流场数值模拟

基本顶周期垮落步距为 20 m 条件下，采空区速度场的数值模拟如图 3－34 至图 3－37 所示。

（1）弱渗流区瓦斯运移情况：由图 3－38 所示可知，基本顶垮落 0.05 s 时，弱渗流区气体流向指向煤壁；0.1 s 时流向指向采空区；0.2 s 时流向指向煤壁；0.25 s 时流向指向采空区。气体流场的速度变化幅度较小。由于顶板的扰动，采

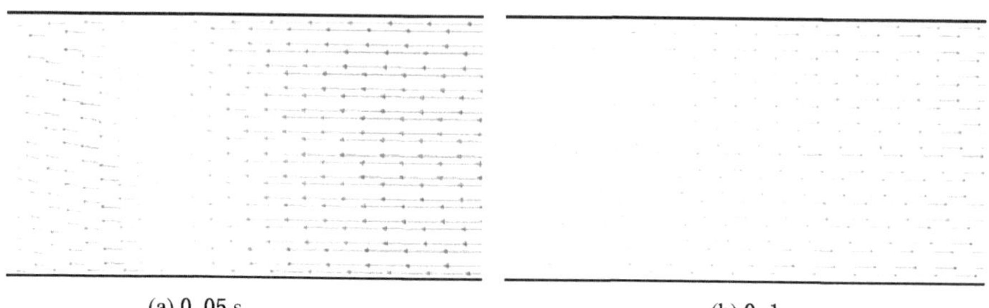

(a) 0.05 s

(b) 0.1 s

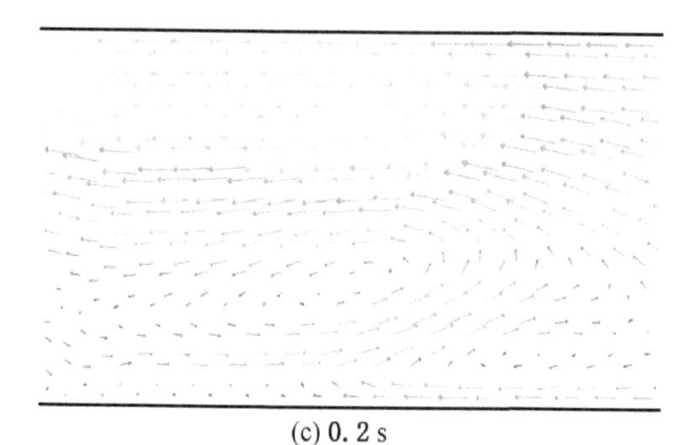

(c) 0.2 s

图 3-33　15 m 步距非渗流区局部放大图

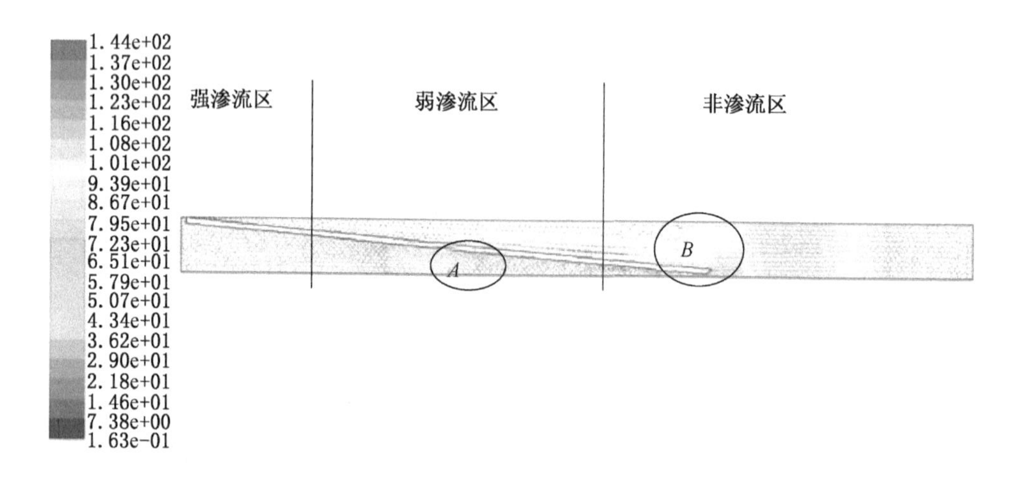

图 3-34　20 m 跨距垮落后 0.05 s 速度矢量图

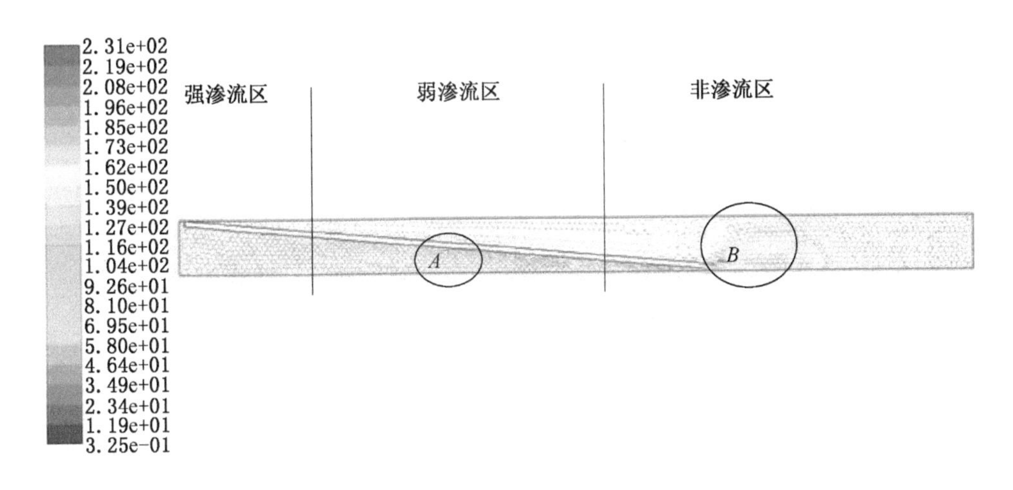

图3-35　20 m跨距垮落后0.1 s速度矢量图

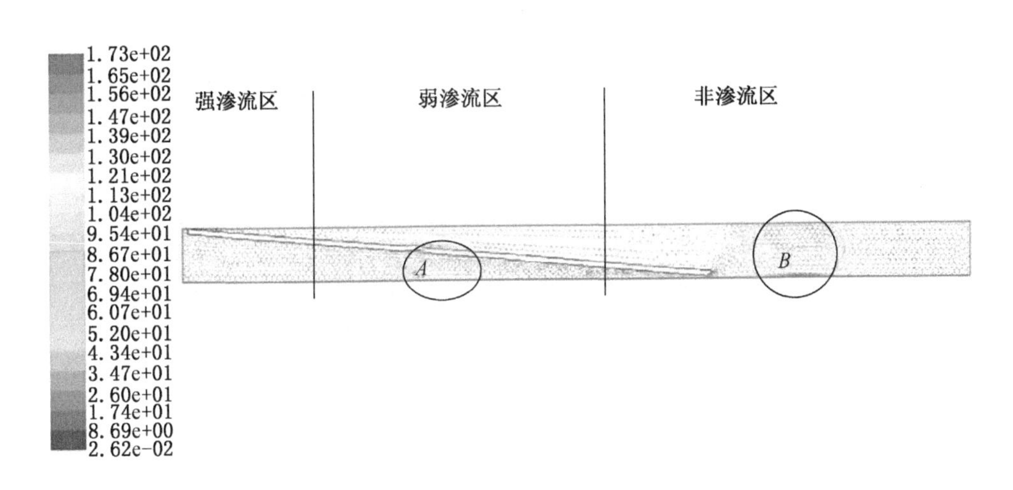

图3-36　20 m跨距垮落后0.2 s速度矢量图

空区内各位置的气体压力不断发生变化，从而诱使这种波动现象的产生。

（2）非渗流区瓦斯运移情况：如图3-39所示可以看出，基本顶垮落时非渗流区内大量瓦斯涌入顶板上空区，经过一段时间后，由于采空区气压下降，气体由顶板下方涌入非渗流区，这部分气体与顶板上方反弹回的气流混合，沿下壁面向采空区深部流动，从而形成涡流，并逐步向采空区深部蔓延。

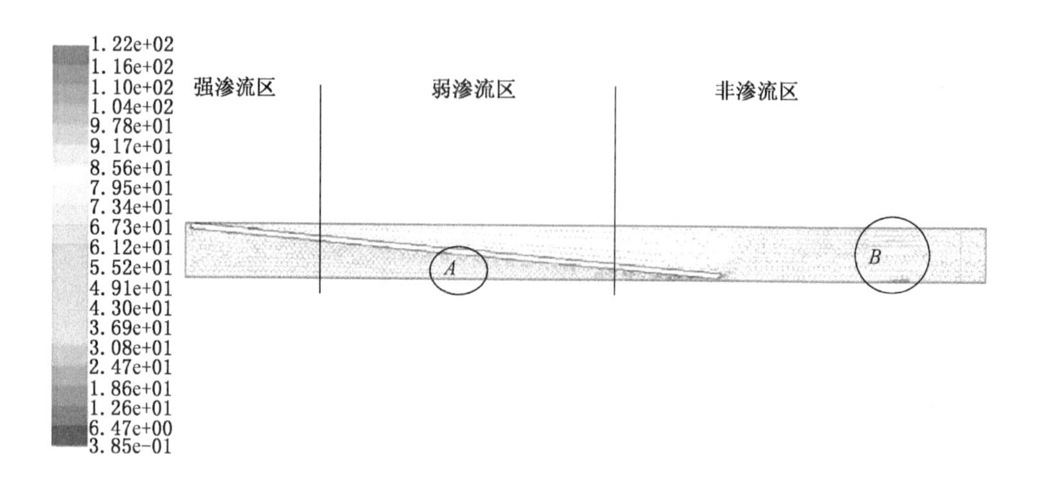

图 3-37　20 m 跨距垮落后 0.25 s 速度矢量图

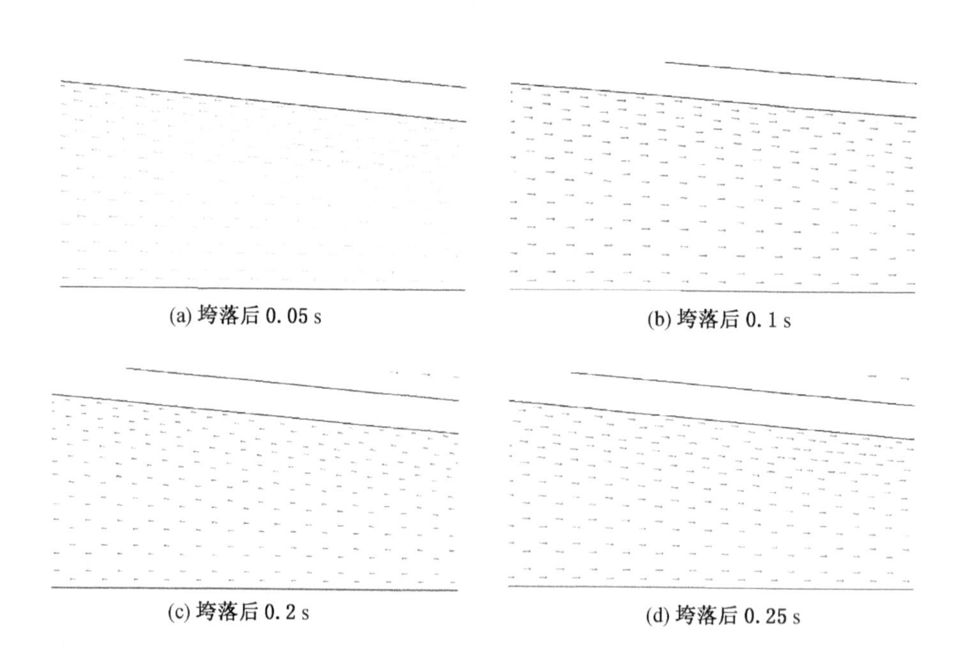

(a) 垮落后 0.05 s　(b) 垮落后 0.1 s　(c) 垮落后 0.2 s　(d) 垮落后 0.25 s

图 3-38　20 m 步距弱渗流区局部放大图

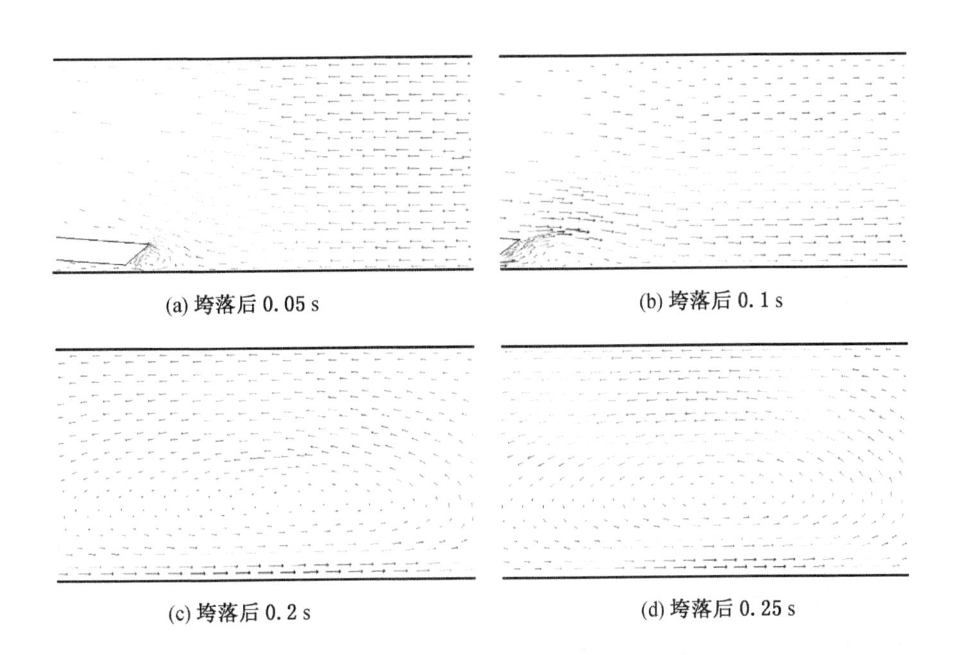

(a) 垮落后 0.05 s　(b) 垮落后 0.1 s

(c) 垮落后 0.2 s　(d) 垮落后 0.25 s

图 3－39　15 m 步距非渗流区局部放大图

3.4.6　25 m 跨距瓦斯流场数值模拟

基本顶周期垮落步距为 25 m 条件下，采空区瓦斯流体场的速度模拟如图 3－40 和图 3－41 所示。

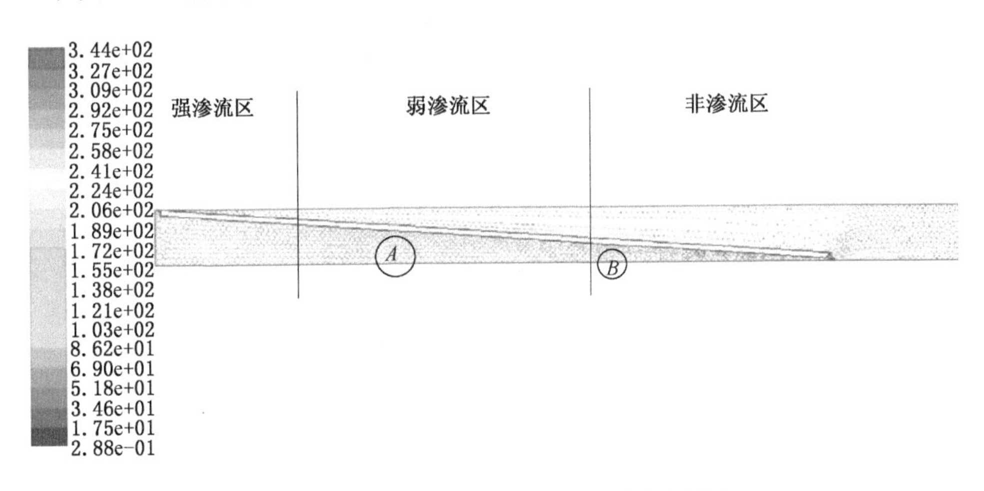

图 3－40　25 m 跨距垮落后 0.05 s 速度矢量图

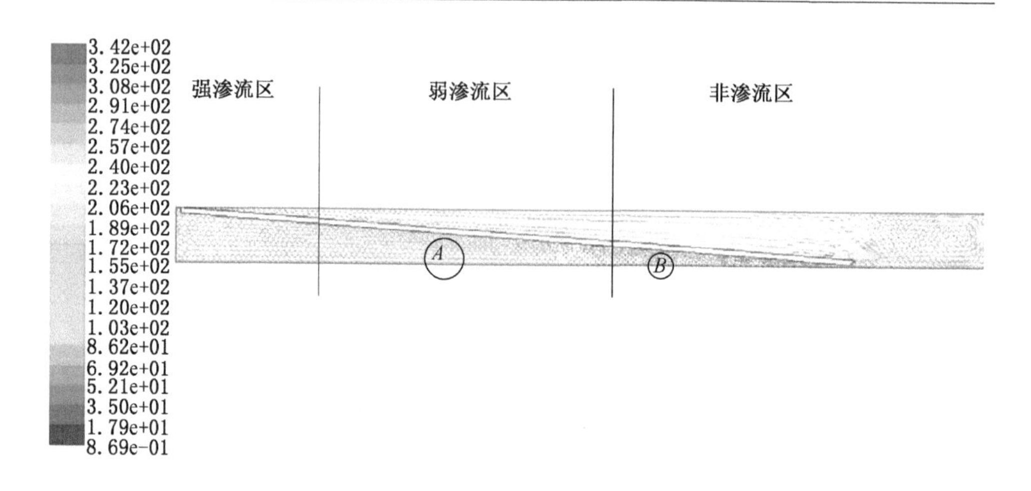

图 3-41　25 m 跨距垮落后 0.1 s 速度矢量图

由上图可以看出，当垮落步距为 25 m 时，弱渗流区气体体现为往返流动，非渗流区浅部也体现为往返运动，顶板远端形成涡流。

4 采空区瓦斯流场分布及演化规律

4.1 瓦斯的形成

煤层中瓦斯形成主要分为两个阶段：首先，古代植物在堆积成煤的初期，纤维素和有机质经厌氧菌的作用分解形成瓦斯，称为生物化学成气时期；其后，随着沉积物埋藏深度增加，在漫长的地质年代中，由于煤层经受高温、高压的作用，进入煤的碳化变质阶段，煤中挥发分减少，固定碳增加，又生成大量瓦斯，保存在煤层或岩层的孔隙和裂隙内，称为煤化变质作用时期。

矿井瓦斯又称为煤层气，是无色、无味、无臭的气体，但有时由于芳香族的碳氢气体同瓦斯同时涌出，因而可以闻到类似苹果的香味。煤矿瓦斯与天然气成分相同，主要成分是甲烷，另有少量的乙烷、丙烷和丁烷，此外一般还含有硫化氢、二氧化碳、氮和水蒸气以及微量的惰性气体（如氦和氩等）。瓦斯对空气的相对密度是0.554，在标准状态下瓦斯的密度为0.716 kg/m^3。瓦斯的渗透能力是空气的1.6倍，微溶于水，不助燃也不能维持呼吸，达到一定浓度时，能使人因缺氧而窒息，并能发生燃烧或爆炸。瓦斯在煤体或围岩中以游离状态和吸附状态存在。

4.2 瓦斯涌出的形式

瓦斯从煤、岩层涌出的形式有普通涌出和特殊涌出两种。普通涌出是指瓦斯缓慢、均匀、持久地从煤、岩暴露面和采落的煤炭中涌出，是煤矿瓦斯的主要来源。特殊涌出是在压力状态下的瓦斯，大量、迅速地从裂隙中喷出，即瓦斯喷出，其中，短时间内煤、岩与瓦斯一起突然由煤层或岩层内喷出的现象为煤（岩）与瓦斯突出。根据我国《煤矿安全规程》的规定，矿井相对瓦斯涌出量大于或等于10 m^3/t，或绝对瓦斯涌出量大于或等于40 m^3/min时，为高瓦斯矿井。只要具有以下三点中的任何一点，都为煤与瓦斯突出矿井：

（1）矿井内所含煤层中，只要有一层煤具有煤与瓦斯突出危险性，该矿即为煤与瓦斯突出矿井，按突出矿井管理。

（2）高或低瓦斯矿井内，发生过一次煤与瓦斯突出，那该矿井即为煤与瓦斯突出矿井，突出的煤层为煤与瓦斯突出危险煤层。

（3）矿井内所含煤层中的任何一层煤在相邻矿井中发生过煤与瓦斯突出，那该矿井也跟其相邻矿井一样，为煤与瓦斯突出矿井。

据统计，我国约有 80% 以上的矿井属于高瓦斯或煤与瓦斯突出矿井，因此深入开展瓦斯治理、瓦斯灾害发生机理及防治技术的研究，特别是针对瓦斯爆炸、煤与瓦斯突出等动力灾害，是保障矿井安全生产的重要前提。

4.3 采空区气体流场分布规律物理试验研究

4.3.1 试验设计

1. 试验原理

为了模拟瓦斯在采空区内的分布和流动规律，且避免在物理试验中的危险性，在本研究中采用烟雾模拟瓦斯。由于烟雾具有一定的扩散性和流动性，进入负压区后它会随着压力场的分布情况产生不同的流动状态，从而烟的浓度分布也会沿着负压区形成一定的规律分布，试验装置原理如图 4－1 所示，试验模拟现场如图 4－2 所示。

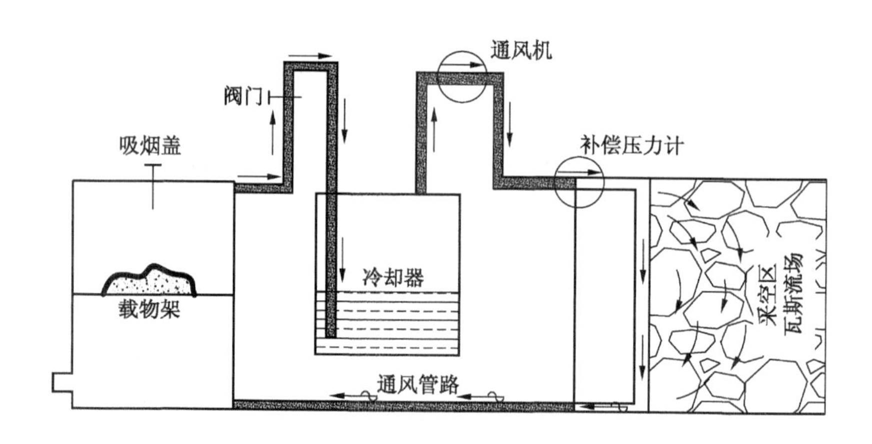

图 4－1 试验装置原理图

2. 试验目的

本试验是通过发烟器产生的烟在风机的作用下进入采空区，观察烟雾在采空

图 4－2 试验模拟现场

区的运动分布规律和流场分布情况，对采空区瓦斯三带进行划分，预测瓦斯的分布情况预防瓦斯爆炸，判断危险区域，提高煤矿生产的安全系数。

3. 试验步骤

（1）采用自行研制的采空区瓦斯流场实验台，根据试验原理对试验器材进行布置，将补偿式微压计调零、注水、调平，将设备连接确保通风管路畅通。

（2）连接电源，打开风机工作 3 min，使采空区处于负压状态。

（3）将木炭捣成粒度为 3 cm 的小块并加热至燃烧（约 20 min），将其放入发烟器中，上面放上锯末产烟（保证发烟器密闭良好）。

（4）在通烟的过程中采用录像和素描的方法记录烟的运动轨迹，观测烟在采空区内的分布规律，同时记录相同时间下采空区流场分布情况，读取补偿式微压计的压差并记录试验数据。

4. 测压装置

1）补偿式微压计

试验中采用的补偿压力计为 DJMG 型补偿式微压计，结构如图 4－3 所示。

DJMG 型补偿式微压计是由两个用胶皮管互相连通的盛水容器 1 与 2 组成，测压时将高压 P_1 接到盛水容器 2 的水面上，低压 P_2 接到盛水容器 1 的水面上，

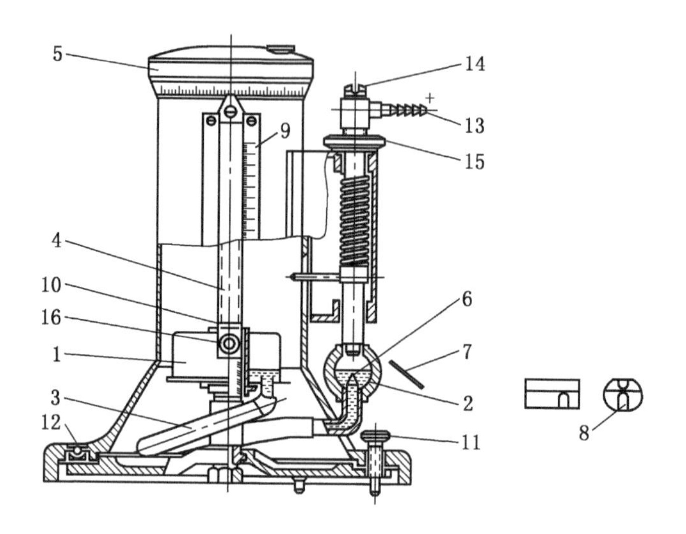

1、2—盛水容器；3—胶皮管；4—测微螺杆；5—调微盘；6—瞄准尖针；7—反射镜；8—螺钉接口；9—标尺；10—指示标；11—密封螺钉；12—水准泡；13—“+”压接头；14—调微螺钉；15—调节螺母；16—“-”压接头

图4-3　补偿式微压计

则容器2中水面下降时，瞄准尖端露出水面上升，此时若提高容器1，使容器2中的水面再回到原来瞄准尖针的水平上，即用水柱高 h 来平衡两容器中水面所受的压力差（P_1-P_2），此水柱高 h 实际上就是容器1上提的高度，所以量出其上提高度后就得到压差的毫米水柱数，标尺的每一刻度为1 mm，共150 mm，微盘上的游标分成200分，每转一周为2 mm，这样利用游标可读出小读数为0.01 mmH_2O。补偿式微压计的测压操作程序如下：

（1）安稳仪器，利用调整螺钉与水准泡将其调平。

（2）把微调盘与指示标均对到刻度“0”点拧出“-”压接头的密封螺钉，注入蒸馏水，从反射镜观察瞄准尖针与其倒影的接触情况，若两者接近时即停止加水，拧上密封螺钉；再慢慢旋转微调盘，使盛水容器1升降数次，以排出连接胶皮管中的气泡，然后转动调节螺母，使观测管中水面与尖针尖相切。

（3）将被测高压的传压胶皮管接到“-”压接头上，测低压的传压胶皮管接到“-”压接头上，这时可见瞄准尖针与其倒影相重叠。

（4）按顺时针方向缓慢地转动微调盘，使观测反射镜里瞄准尖针与其倒影尖正好在水面相切，此时在标尺上根据指示标所在位置读出整数值；在微调盘上读出小数值，两者相加即为测压差的毫米水柱数。

2）皮托管

在实际测定相对压力和速压时，压力计测压是借助于能够接受压力的接受管与能够传递压力的传压管来实现的，传压管多采用橡皮管或特制的塑料管，接受管则多用金属制成。接受管最常用有皮托管和静压管两种，皮托管（图4-4）可以接受风流的点静压或点静压与点速压之和，静压管只用以接受风注的点静压。

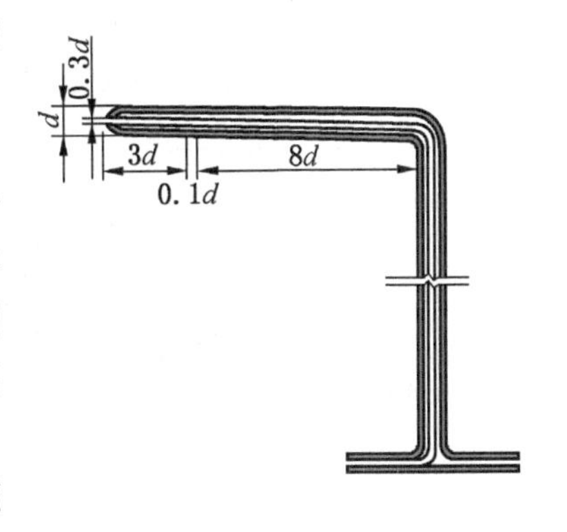

图4-4 皮托管

皮托管由内外两小管组成，内小管前端有中心孔与标有“+”号的管脚相通，内外管互不相通，其左管壁上开有4~5个小孔与标有“-”号管脚相通，内外管之间互不相通连，操作时使管嘴与风流平行，中心孔正对风流，此时中心孔将接受风流的点静压与点速压之和，而管壁上的小孔则只能接受风流的点静压。

3）用皮托管和补偿式微压计测定风流的点压力

测定通风管道风流某一点的相对静压、速压和全压，其测定步骤如下：

（1）将补偿式微压计注水调平、调零，皮托管传压头置于风管中心处，管嘴与风流方向平行，中心孔正对风流。

（2）用导压胶管、皮托管与补偿式微压计连通，分别代表压入式风管中测点的扫相静压、速压和全压。通过补偿式微压计前后两次的压差，为全压与静压的差值。

（3）启动风机，读取相应压力差值。

（4）将试验结果代入下式，一般Δ值不超过5%。

$$\Delta=\frac{h_{全}-(h_{速}-h_{静})\times100\%}{h_{全}}$$

5. 试验器材

试验所需要的器材包括发烟器、冷却器、采空区、风机、补偿式微压计、皮托管、静压管、通风管路、摄像机、木炭、锯末、酒精灯和燃料等。发烟器由吸烟盖、载物架、篦子、发烟筒、过滤网等组成，载物台上放有篦子，载物台外径为33 cm、内径为15 cm，篦子的孔为0.5 cm×0.5 cm，过滤网为0.1 cm×0.1 cm,防止锯末进入采空区。部分试验器材如图4-5、图4-6所示。

(a) 载物台

(b) 发烟器

图4-5　发烟器组合

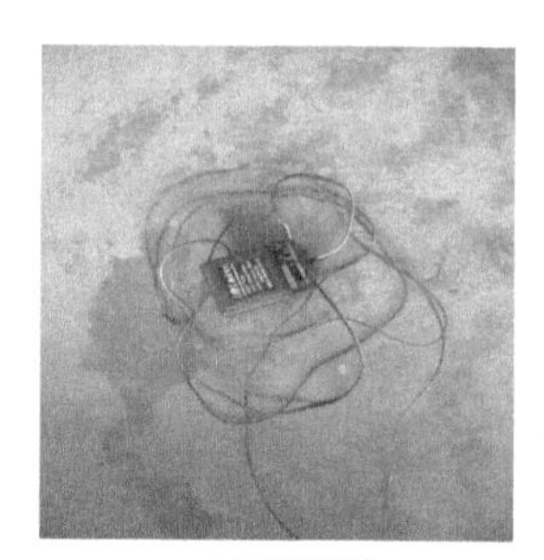
(a) 调速器

(b) 皮托管

(c) 补偿式微压计

(d) 酒精灯、打火机

(e) 木炭

(f) 木炭的加热

(g) 锯末

(h) 布帘模型

(i) 试验用风机

(j) 中等粒度矸石模型

(k) 液压支架模型

图 4 -6 试验器材

4.3.2 气体自由流动状态模拟分析

采空区空箱体模型如图 4 -7 所示，箱体长 1.15 m、宽 0.75 m、高 0.2 m。

图 4 -7 采空区空箱体模型

按照所述试验方法和步骤，在风机的作用下采空区产生负压，通入含烟雾气体观测采空区流场的分布状况，该种情况下气体进入试验箱体内将不受阻碍，为自由流动状况，绘制采空区流场分布如图 4 -8 所示。

采空区的总面积为 8625 cm^2，烟扩散到整个采空区所需的时间为 106 s，则

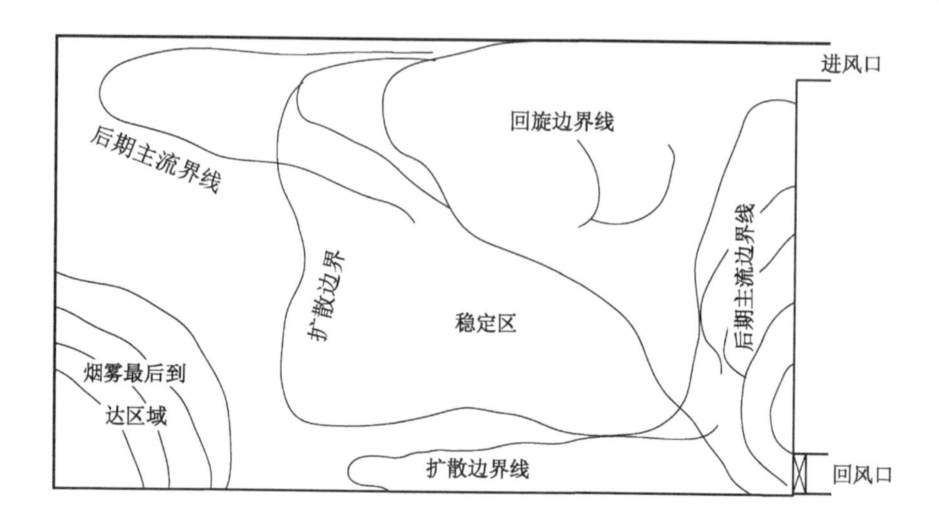

图4-8 采空区未装矸石模型的流场分布图

其扩散速率为 81.37 cm²/s。

4.3.3 高档普采工作面气体流场分布规律

当工作面采用高档普采工艺时，安置模型模拟工作面支护和回采设备，在采空区内用不同块度的泡沫堆积模拟采空区顶板垮落状态。采空区矸石模型粒度较大时，采空区箱体体积为 172500 cm^3，装入矸石模型的体积为 120750 cm^3，因此孔隙体积为 51750 cm^3，孔隙率为 30%，如图 4-9 所示。大块矸石模型粒度在 12 cm 左右的占 15%，其体积为 23287.5 cm^3；粒度为 9 cm 的占 42.5%，其体积

图4-9 大粒度矸石充填采空区模型试验

为 65981. 25 cm^3；粒度为 7 cm 的占 42. 5%，其体积为 65981. 25 cm^3；平均粒度为 8. 6 cm。按照前述试验步骤开展试验，测得进风口的风速为 0. 174 m/s，通过改变采空区矸石模型的块度，监测采空区流场分布情况。

高档普采和大粒度矸石充填采空区时，气体在采空区内的流动特征和流场迹线如图 4－10 和图 4－11 所示。

图 4－10 大粒度矸石充填采空区气体流动特征

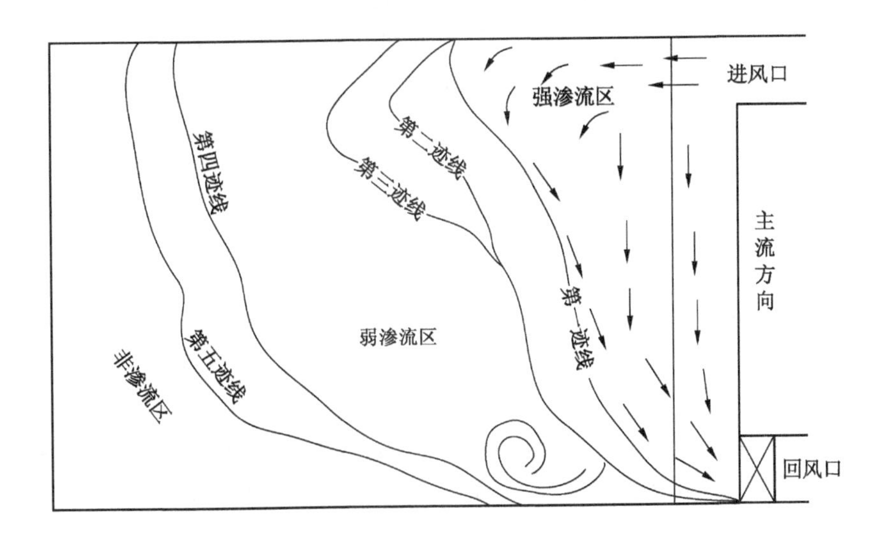

图 4－11 大粒度矸石充填采空区气体流场迹线

从试验可以看出，采空区总面积为8625 cm²，渗流区面积为6736 cm²（占总面积的78%），非渗流区面积为1889 cm²（占总面积的22%），达到最大渗流范围需250 s。渗流速度为26.944 cm²/s。烟流运动到右侧第一迹线的时间为13 s，沿工作面方向烟流运动速度为5.77 cm/s，沿采空区方向运动的最大速度为3.46 cm/s。烟流运动到右侧第二迹线的时间为20 s，烟流运动到右侧第三迹线的时间为27 s，烟流扩散到第四迹线的时间为155 s，烟流扩散到第五条迹线的时间为250 s。

为了对比研究采空区垮落矸石充填密实度对瓦斯流动的影响，在采空区内充填中等粒度的矸石模型为：采空区箱体的体积为172500 cm³，装入矸石模型的体积为125407.5 cm³，形成的孔隙体积为47092.5 cm³，孔隙率为27.3%，如图4－12所示。

图4－12　中等粒度矸石充填采空区模型

中等块度矸石模型粒度组成：粒度在6.5 cm左右的占20%，其体积为31981.5 cm³；粒度在5 cm的占80%，其体积为127926 cm³；平均粒度为5.3 cm。在此种情况下，气体在采空区内的流动特征和流场迹线如图4－13和图4－14所示。

试验结果显示，总面积为8625 cm²，渗流区面积为2933 cm²（占总面积的34%），非渗流区面积为5692 cm²（占总面积的66%），达到最大渗流范围所需261 s，渗流速度为11.238 cm²/s。烟流经过强渗流区迹线的时间分别为9 s、13 s、56 s，在气体进入采空区的初始阶段（经过强渗流区第一迹线时）沿工作面方向烟流运动速度为8.33 cm/s，在采空区运动的最大速度为3.11 cm/s。烟流

图 4－13 中等粒度矸石充填采空区气体流动特征

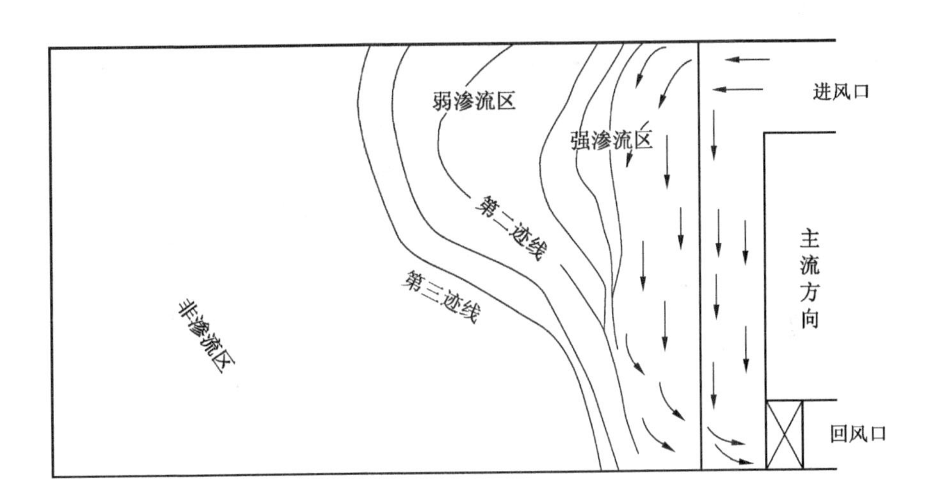

图 4－14 中等粒度矸石充填采空区气体流场迹线

运动第二迹线的时间为 113 s，烟流扩散到第三迹线的时间为 261 s。

在采空区内充入小粒度矸石模型模拟采空区被密实充填的情况，小块矸石模型粒度在 4 cm 左右的占 45%，其体积为 73125 cm^3；粒度为 3.5 cm 的占 55%，其体积为 89375 cm^3；平均粒度为 3.7 cm。在该种试验条件下，采空区箱体的体积为 172500 cm^3，矸石模型体积为 127995 cm^3，形成孔隙率为 25.8%，气体在采空区内的流动和流场迹线如图 4－15 和图 4－16 所示。

图4-15　小粒度矸石充填采空区气体流动特征

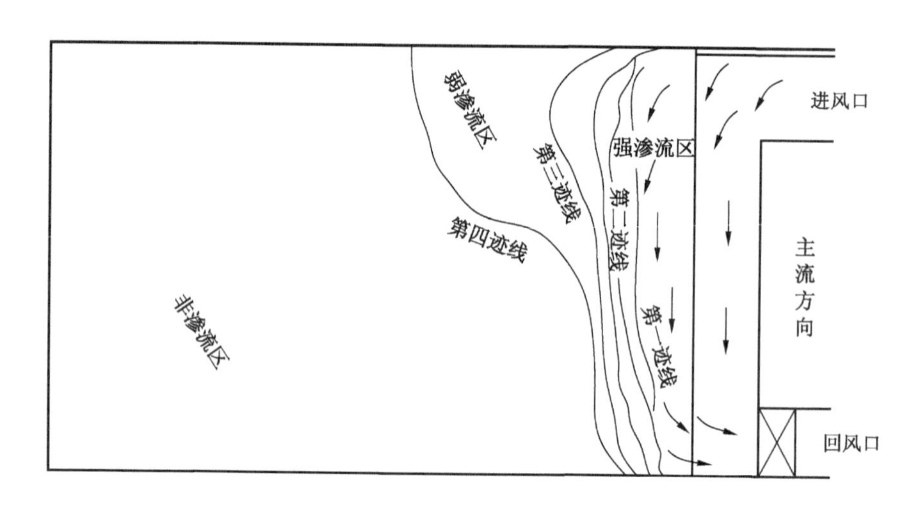

图4-16　小粒度矸石充填采空区气体流场迹线

小粒度矸石充填采空区瓦斯流动试验结果显示，采空区总面积为8625 cm^2，渗流区面积为2049 cm^2（占总面积的24%），非渗流区面积为6576 cm^2（占总面积的76%），达到最大渗流范围所需190 s，渗流速度为10.78 cm^2/s。

烟流运动到强渗流区迹线的时间为8.2 s，沿工作面方向烟流扩散速度为9.14 cm/s，沿采空区方向烟流运动的最大速度为2.4 cm/s。烟流运动到第二迹线的时间为 11 s，烟流运动到第三迹线的时间为 42 s，烟流扩散到第四迹线的时间为 61 s，烟流扩散到绿线的时间为 190 s。

通过对采空区充填不同粒度的矸石模型可得，在各试验中气体的流动速度、扩散速度、渗透面积等，见表 4-1。

表 4-1 不同粒度矸石充填采空区气体扩散数据

参 数	空箱体	大粒度	中等粒度	小粒度
平均粒度/cm	—	8.6	5.3	3.7
孔隙率/%	—	30	27.3	25.8
沿工作面方向扩散速度/($cm \cdot s^{-1}$)	—	5.77	8.33	9.14
沿采空区方向扩散速度/($cm \cdot s^{-1}$)	—	3.46	3.11	2.4
渗透面积/cm^2	8625	6736	2933	2049
渗透率/%	100	78	34	24
渗流速率/($cm^2 \cdot s^{-1}$)	81.37	26.944	11.238	10.78

采空区孔隙与充填矸石粒径的关系近似线性，变化趋势如图 4-17 所示。

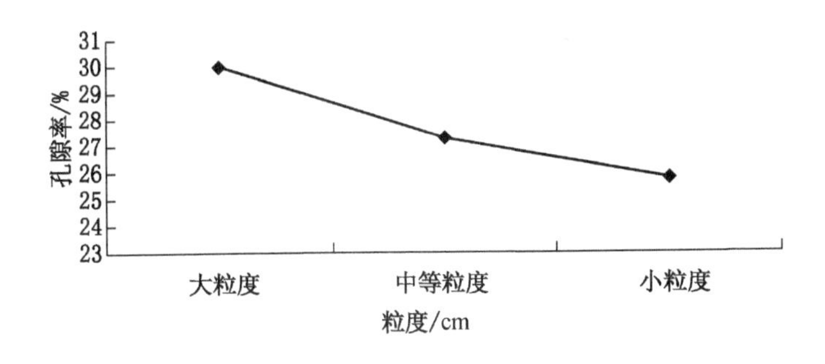

图 4-17 采空区孔隙与充填矸石粒径的关系

气体沿工作面运动的速度与充填矸石的粒度关系如图 4-18 所示，随着粒径的减小，沿工作面方向的通风阻力逐渐减小，烟雾的运动速度也逐渐增加。

采空区渗透率与充填矸石粒度的关系如图 4-19 所示，由于矸石粒度的减小，采空区内孔隙率将显著减小，同时渗透率也将降低。

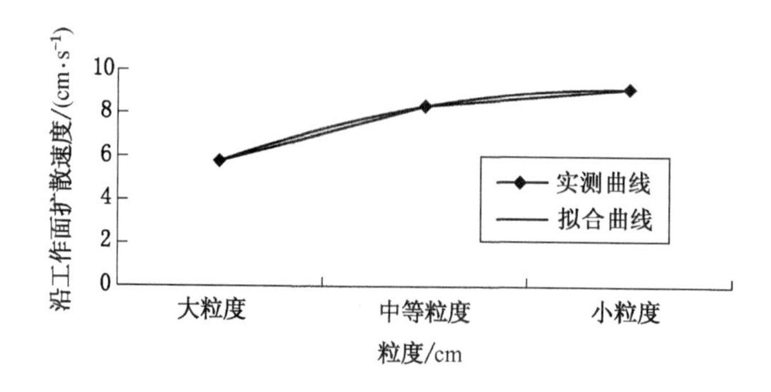

图 4-18　气体沿工作面运动的速度与充填矸石的粒度关系

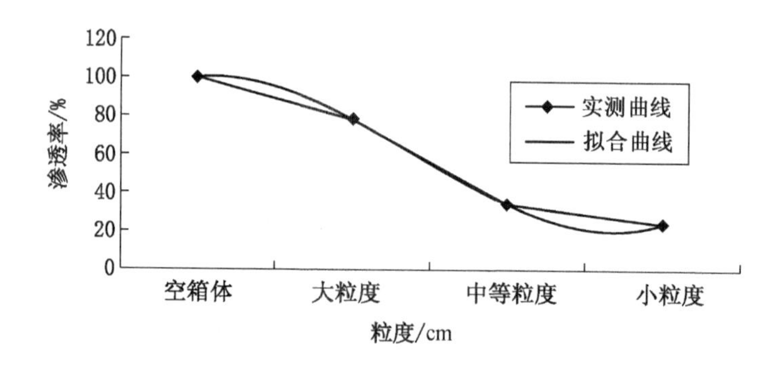

图 4-19　采空区渗透率与充填矸石粒度的关系

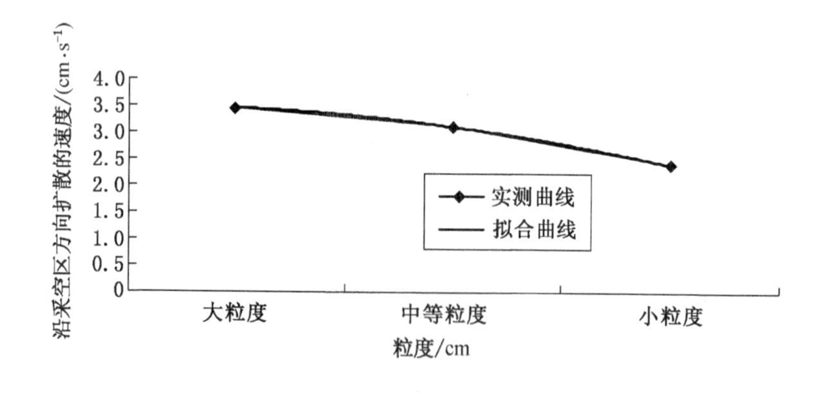

图 4-20　沿采空区方向气体的运动速度与充填矸石粒径的关系

沿采空区方向气体的运动速度与充填矸石粒径的关系如图 4－20 所示，由于矸石粒度减小将导致孔隙率和渗透率的降低，因此随着粒度的减小，气体的运动速度也逐渐减小。

采空区渗透面积与充填矸石粒度的关系如图 4－21 所示，与采空区气体运动速度变化规律及影响因素类似，随着充填矸石粒径的减小，采空区渗透面积也将逐渐减小。

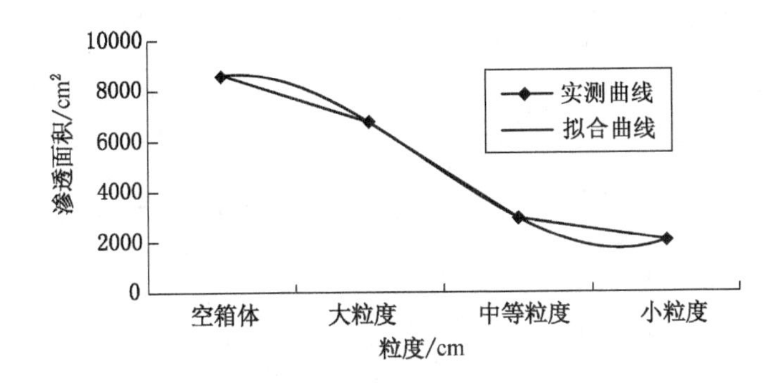

图 4－21　采空区渗透面积与充填矸石粒度的关系

气体渗流速度与采空区充填矸石粒度的关系如图 4－22 所示，随着采空区充填矸石粒度的减小，气体渗流速度也将逐渐减小。

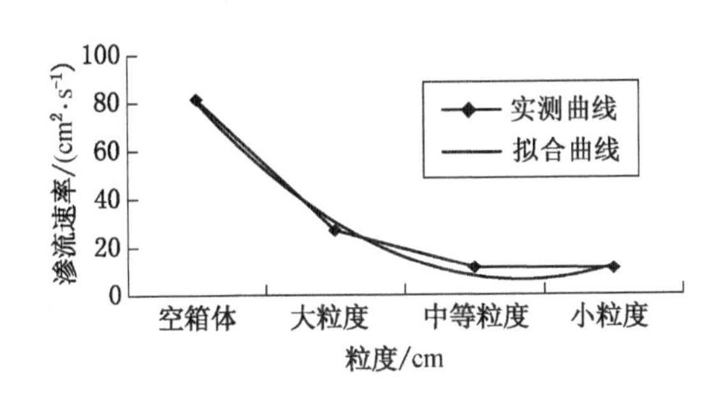

图 4－22　气体渗流速度与采空区充填矸石粒度的关系

4.3.4　通风构筑物对采场气体流动影响

采用与上述试验相同的采空区模型箱体，装入小粒度矸石模型模拟采空区密实充填，矸石总体积为 127995 cm^3，形成的孔隙体积为 44505 cm^3，孔隙率为

34.8%。矸石模型平均粒径为3.7 cm。进风口的风速为0.174 m/s，在巷道端头进风口处加不同宽度挡风帘，模拟通风构筑物对风流的阻挡作用，同时监测工作面及采空区流场的分布情况。挡风帘与巷道的宽度相同，试验观测得到的气体流动特征和流场迹线如图4-23、图4-24所示。

图4-23　挡风帘与巷道等宽时气体流动特征

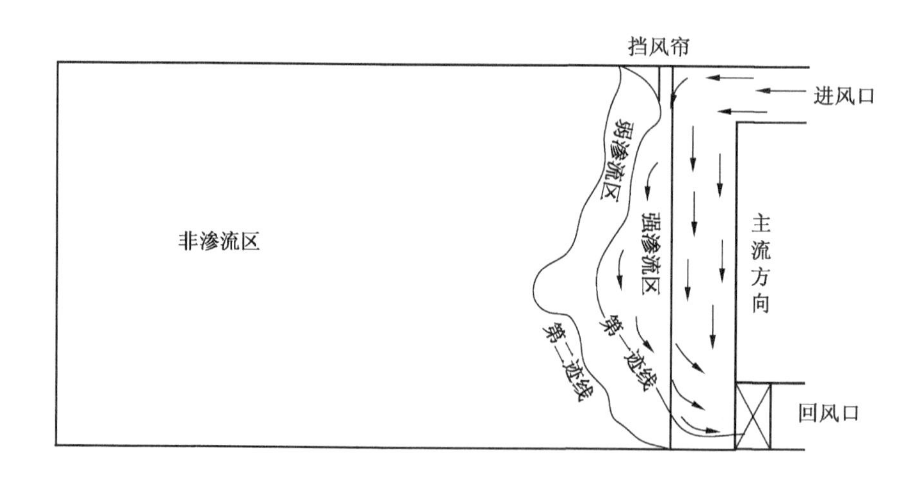

图4-24　挡风帘与巷道等宽时气体流场迹线

从试验结果可以看出，支设通风构筑物可显著改变采场气体流场的分布，与未支设挡风帘相比，在进风巷道端头处，气体渗入采空区的深度显著降低，强渗流区和弱渗流区极限深入采空区最大的位置均位于工作面中部。

当增大挡风帘的宽度，设置为巷道的 1.3 倍（图 4－25）时，试验观测得到的气体流场迹线如图 4－26 所示。

图 4－25 挡风帘宽度为巷道 1.3 倍时气体流动特征

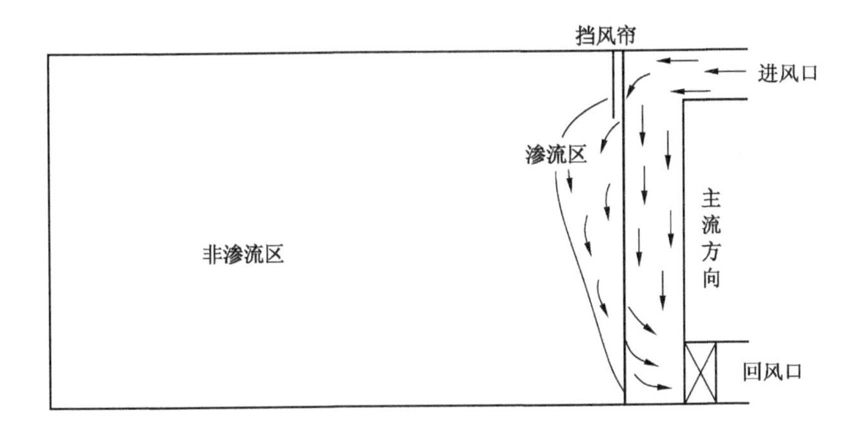

图 4－26 挡风帘宽度为巷道 1.3 倍时的气体流场迹线

挡风帘宽度为巷道1.3倍且所得的试验现象与挡风帘与巷道等宽时，采空区及工作面气体流场运动及迹线分布规律基本一致。因此，在设置挡风帘时，并非越宽越好，当达到巷道宽度的1.3倍时，进一步增加挡风帘的宽度对气体流场的影响将较为有限。

4.3.5 综采工作面气体流场分布特征

自制模型模拟工作面用液压支架支护，如图4-27所示。

图4-27 工作面全长布置液压支架模型

进风口的风速设定为0.174 m/s，改变支架的布置方式并观测采空区流场分布状况。采空区采用小粒度矸石模型，平均粒度为3.7 cm，装入矸石体积为127995 cm^3，形成的孔隙体积为44505 cm^3，孔隙率为34.8%。但工作面全长均布置液压支架模型时，采空区流场分布状况难以观测。

为了获得清晰的工作面支架对气体流场的影响规律，在工作面两端头各去掉一台液压支架模型。通过试验发现，液压支架对采空区流场分布影响比较大。采空区总面积为8625 cm^2，渗流区面积为1894 cm^2（占总面积的22%），非渗流区面积为6731 cm^2（占总面积的78%），渗透时间为310 s，渗流速率为6.110 cm^2/s，气体流场特征和迹线分布规律如图4-28和图4-29所示。

工作面两端各去掉一台液压支架模型，工作面放采煤机，支架顶梁减少为原来的三分之二。在此情况下，采空区总面积为8625 cm^2，渗流区面积为1894 cm^2（占总面积的22%），非渗流区面积为6731 cm^2（占总面积的78%），渗透时间

图4－28 去除工作面两端头支架气体流动特征

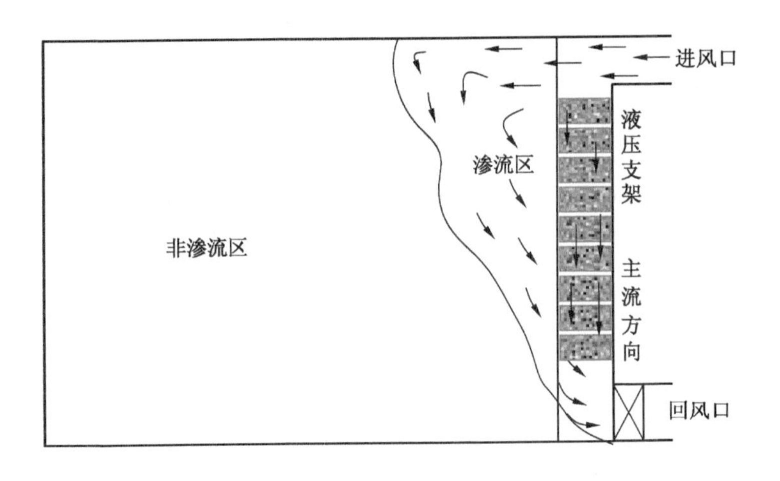

图4－29 去除工作面两端头支架气体流场迹线

为340 s，渗流速率为5.571 cm^2/s，气体流场特征和迹线分布规律如图4－30和图4－31所示。

工作面两端各去掉两台液压支架模型，支架顶梁减少为原来的三分之二时，采空区总面积为8625 cm^2，渗流区面积为1985 cm^2（占总面积的23%），非渗流

图 4-30 工作面支护条件改变时气体流动特征

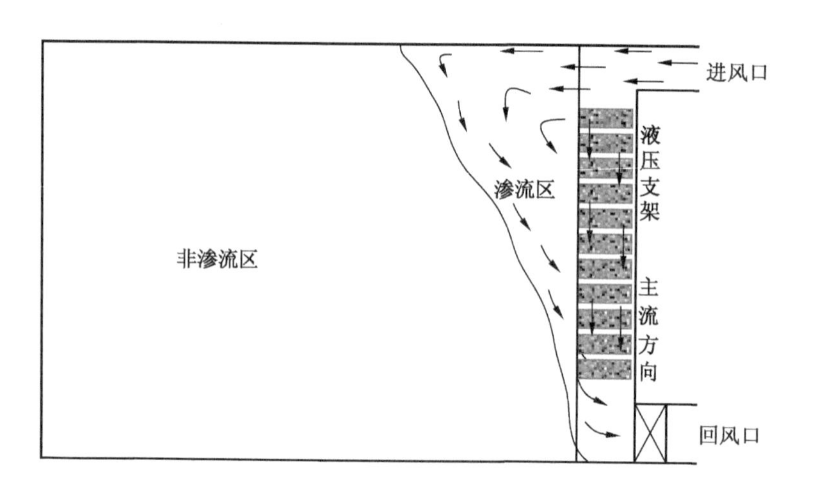

图 4-31 工作面支护条件改变时气体流场迹线

区面积为 6640 cm^2（占总面积的 77%），渗透时间为 283 s，渗流速率为 7.014 cm^2/s，气体流场特征和迹线分布规律如图 4-32 和图 4-33 所示。

综合以上不同开采工艺和支护方式条件下，工作面和采空区内气体流动特征和气体流场迹线汇总见表 4-2。

图4-32　去除工作面端头支架和采煤机气体流动特征

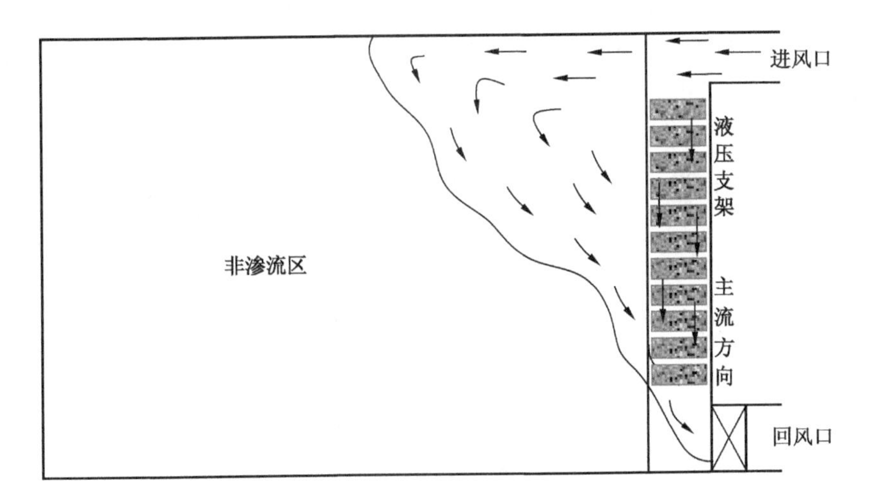

图4-33　去除工作面端头支架和采煤机气体流场迹线

表4-2　开采工艺和支护条件对采场气体流动影响

工作面条件	渗透面积/cm^2	渗透时间/s	渗透率/%	渗透速率/($cm^2 \cdot s^{-1}$)
两端头各去一台支架	1894	310	22	6.110
两端头各去一台支架，工作面放采煤机，顶梁为原来的三分之二	1894	340	22	5.571
工作面各去两台支架，顶梁为原来的三分之二	1985	283	23	7.014

由表4－2可以得出以下结论：

（1）端头支架的减少基本不会对渗透面积造成很大的影响。

（2）当工作面加上采煤机和顶梁变短时会使渗透时间降低、渗透速率变小。

（3）当端头支架减少为两架的时候，渗透时间明显缩短，渗透速率明显增加。

4.3.6 风量变化对综采工作面气体流场分布特征的影响

为了模拟风量变化条件下，综采工作面气体流场的分布特征，在采空区内装入小粒度矸石模型，平均粒度为3.7 cm，装入矸石模型的体积为127995 cm^3，形成的孔隙体积为44505 cm^3，孔隙率为34.8%。工作面两端各去掉两台液压支架，支架顶梁减少为原来的三分之二，改变风速观测采空区流场的分布情况。当工作面进风速度为2.466 m/s（高风速），采空区总面积为8625 cm^2，渗流区面积为4313 cm^2（占总面积的50%），非渗流区面积为4312 cm^2（占总面积的50%），渗透时间为115 s，渗流速率为37.5 cm^2/s，气体流场特征和迹线分布规律如图4－34和图4－35所示。

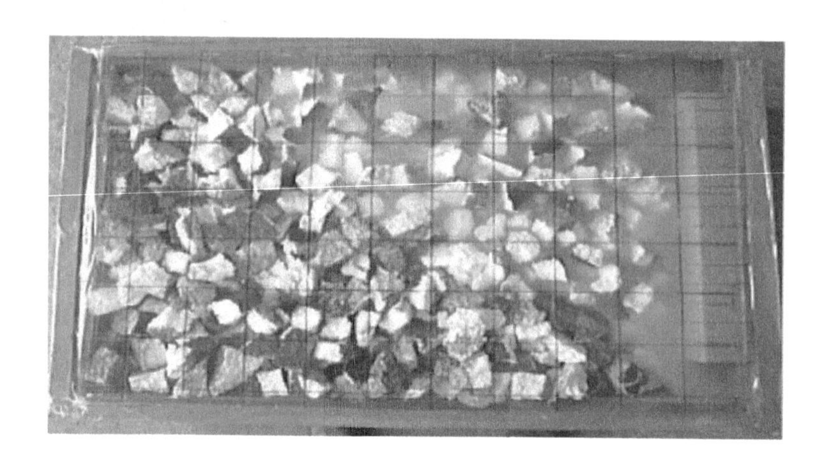

图4－34 高风速时气体流动特征

当工作面进风速度为2.136 m/s（中等风速），采空区总面积为8625 cm^2，渗流区面积为3968 cm^2（占总面积的46%），非渗流区面积为4657 cm^2（占总面积的54%），渗透时间为120 s，渗流速率为33.07 cm^2/s，气体流场特征和迹线分布规律如图4－36和图4－37所示。

当工作面进风速度为1.87 m/s（小风速），采空区总面积为8625 cm^2，渗流

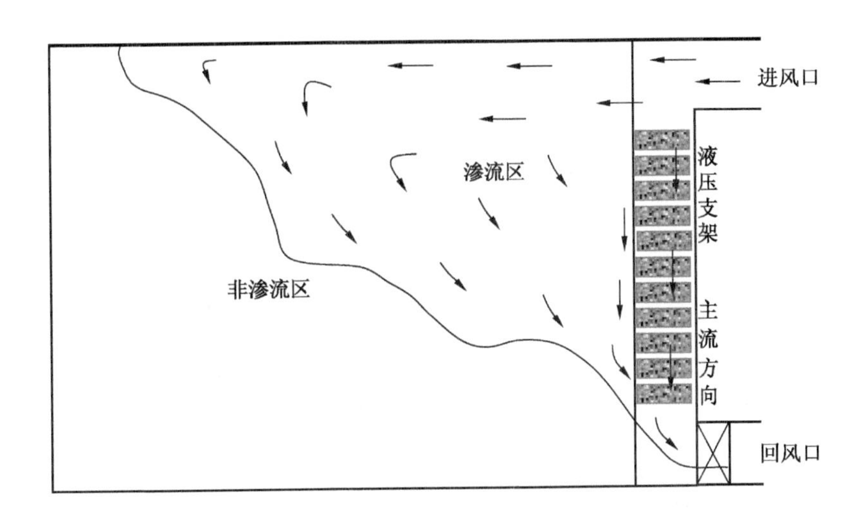

图 4－35 高风速时气体流场迹线

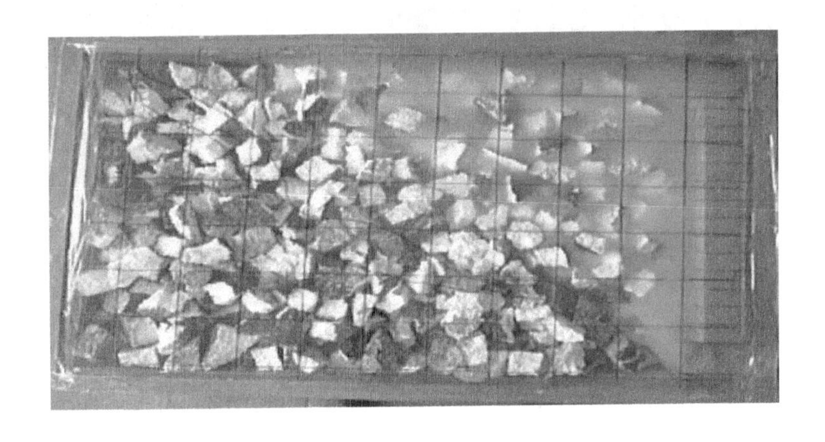

图 4－36 中等风速时气体流动特征

区面积为 3536 cm^2（占总面积的 41%），非渗流区面积为 5089 cm^2（占总面积的 59%），渗透时间为 130 s，渗流速率为 27.2 cm^2/s，气体流场特征和迹线分布规律如图 4－38 和图 4－39 所示。

汇总以上风速对工作面和采空区气体流场产生的影响，见表 4－3。

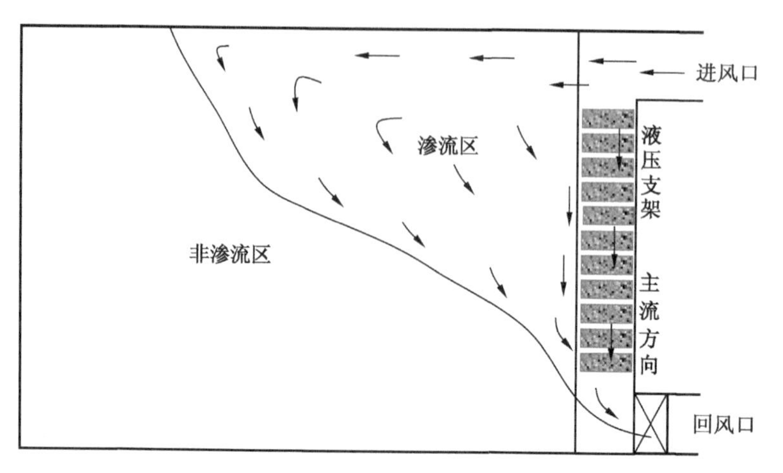

图4-37　中等风速时气体流场迹线

图4-38　小风速时气体流动特征

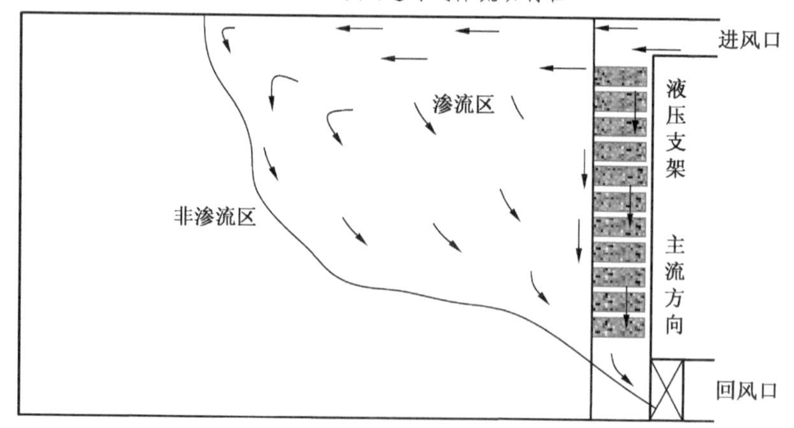

图4-39　小风速时气体流场迹线

表 4-3　风速对气体流场渗透性的影响

风速/（m·s^{-1}）	渗透面积/cm^2	渗透时间/s	渗透率/%	渗透速率/（$cm^2 \cdot s^{-1}$）
2.466	4313	115	50	37.5
2.136	3968	120	46	33.07
1.87	3536	130	41	27.2

从试验结果可以看出，随着风速的降低，渗透时间逐渐增加，渗透面积减小、渗透率减小，渗透速率减小，渗透比率也将降低，如图 4-40 所示。定义采空区渗透比，描述气体在采空区渗透的深度与采空区长度的比值，风速 x 与渗透比率 $f(x)$ 近似呈抛物线形式增加，通过拟合可获得经验方程如下：

$$f(x)=0.1269x+0.4597$$

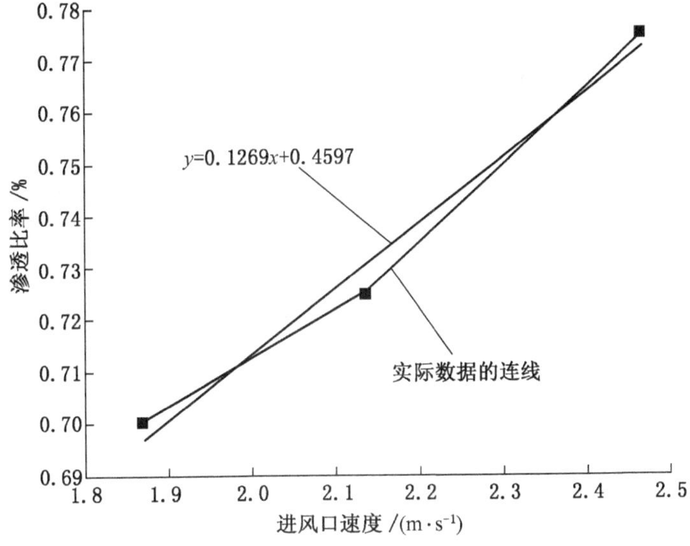

图 4-40　风速与渗透比率的关系图

4.3.7　大范围采空区气体流场分布试验

当模型较小时，气体流场的边界存在一定的模糊性，且受试验中采用的烟雾物理性质影响较大。因此，为了开展对比研究，采用大型采空区气体流场模拟平台开展试验。采空区箱体的尺寸为长 220 cm、宽 180 cm、高 20 cm，则其体积为 792000 cm^3。在采空区内装入小粒度矸石模型，平均为 3.7 cm，总体积为 587664 cm^3，形成的孔隙体积为 204336 cm^3，孔隙率为 34.8%。工作面进风速度设定为 1.29 m/s，试验装置如图 4-41 所示。烟雾从进风口进入采空区后流场分布呈放射状，如图 4-42 所示。

(a) (b)

图 4-41 大型采空区气体流动试验装置

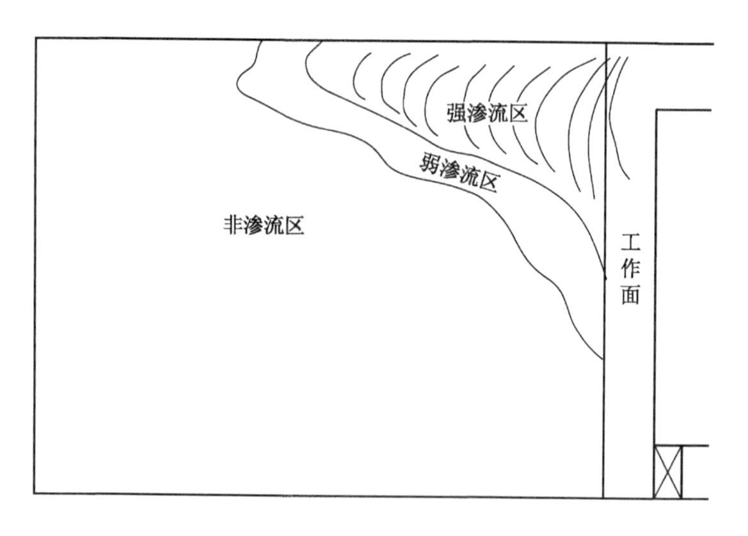

图 4-42 大型采空区气体流动迹线

4.4　采空区流场三带划分

4.4.1　强流区边界线确定

为了准确划分采空区内不同区域气体流场的分布规律，可建立采空区内距工作面距离和沿工作面方向距进风口距离的数学关系。通过用 Matlab 数值模拟流场分布，如图 4-43 所示（距进风口处不大于 150 cm，风速为 1.29 m/s）。

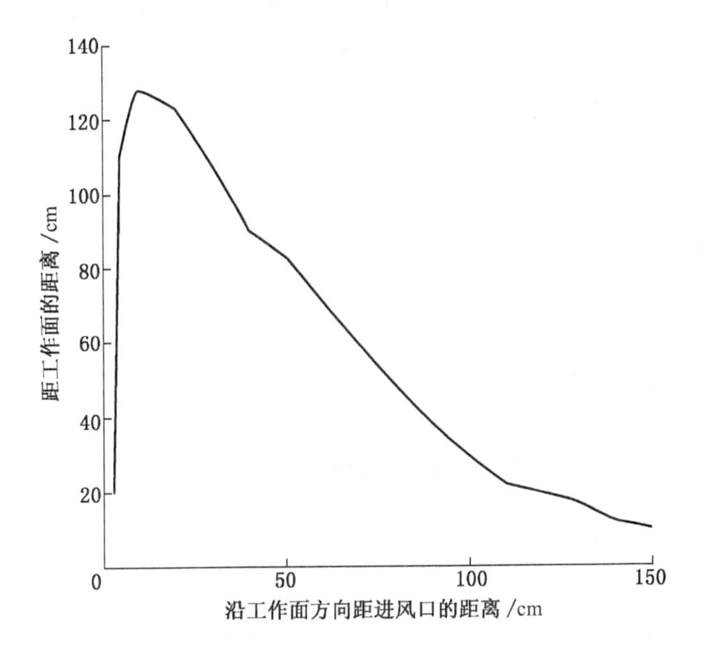

图 4-43　流场分布数值模拟图

根据试验数据，沿工作面方向距进风口距离与距工作面的距离拟合经验公式为

$$f(x)=p_1x^8+p_2x^7+p_3x^6+p_4x^5+p_5x^4+p_6x^3+p_7x^2+p_8x^1+p_9$$

通过拟合可获得各参数的取值，精度控制在 0.95 以上：

$$p_1=-1.133e^{12}(-2.507e^{-12},2.416e^{-13})$$

$$p_2=7.459e^{-10}(-8.669e^{12},1.579e^{-13})$$

$$p_3=-2.04e^{-7}(-4.108e^{-7},2.712e^{-9})$$

$$p_4=2.997e^{-5}(2.967e^{-6},5.708e^{-5})$$

$$p_5 = -0.002552(-0.004566, -0.0005374)$$
$$p_6 = 0.1266(0.04196, 0.2112)$$
$$p_7 = -3.478(-5.367, -1.589)$$
$$p_8 = 45.16(25.81, 64.52)$$
$$p_9 = -70.3(-133.5, -7.143)$$

根据流体的相似原理，假设烟雾是不可压缩的黏性流体（在试验过程中烟流速度很小对其密度的影响不大），试验中使用的烟流密度与黏结指数基本跟矿井中进入工作面的空气基本相同。本试验均符合流体中相似条件几何相似、运动相似、动力相似的标准，即

$$\frac{F'}{\rho' l'^2 \nu'^2} = \frac{F}{\rho l^2 \nu^2}$$

根据相似模拟原理得

$$Y = \beta \cdot k \cdot f(x)$$

式中　Y——强流区边界线，即距工作面的距离，cm；
β——修正系数，取 0.7 ~ 1.3；
k——实际工作的长度与采空区模拟相似长度的比值。

4.4.2　弱渗流区边界线确定

根据采空区瓦斯运移规律可知，非渗流区的瓦斯浓度最高，其浓度基本不发生变化，由非渗流区到强流区之间的弱渗流区瓦斯浓度将会呈梯度变化，即越是靠近工作面其浓度越低（该区域瓦斯浓度为可爆炸范围）。瓦斯在采空区的运移速度受时间、瓦斯浓度、工作面推进速度等因素影响。根据实际瓦斯的渗流原理，对实验室研究测得的数据采用 Matlab 模拟处理后，可得渗透速度和孔隙率的关系，如图 4 - 44 所示。

渗流速度与孔隙率的拟合关系：

$$f(x) = p_1 x^2 + p_2 x + p_3$$

其中，通过拟合可获得常数项取值分别为

$$p_1 = 21.64(20.46, 22.83)$$
$$p_2 = -2.447(-3.744, -1.15)$$
$$p_3 = 0.001509(-0.2803, 0.2833)$$

根据实际生产情况和开采条件，弱渗流区的范围由强流区边界线向采空区延伸距离为 1780 ~ 2920 cm。采空区内弱渗流区与非渗流区气体流场分布如图 4 - 45 所示。

4.4.3　非渗流区边界线确定

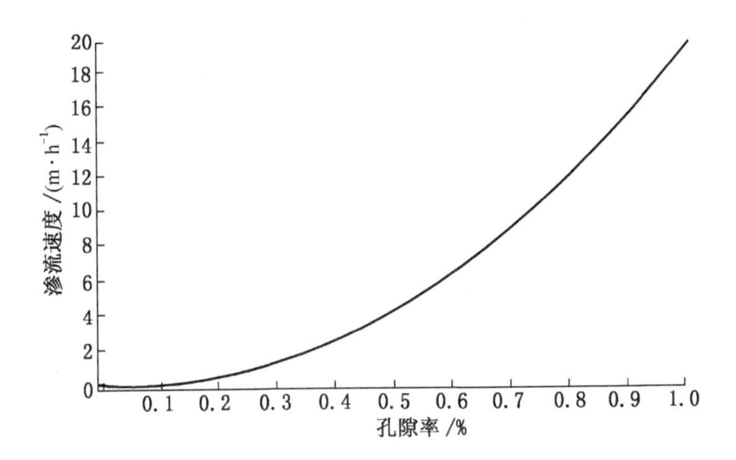

图 4-44 渗流速度与孔隙率关系

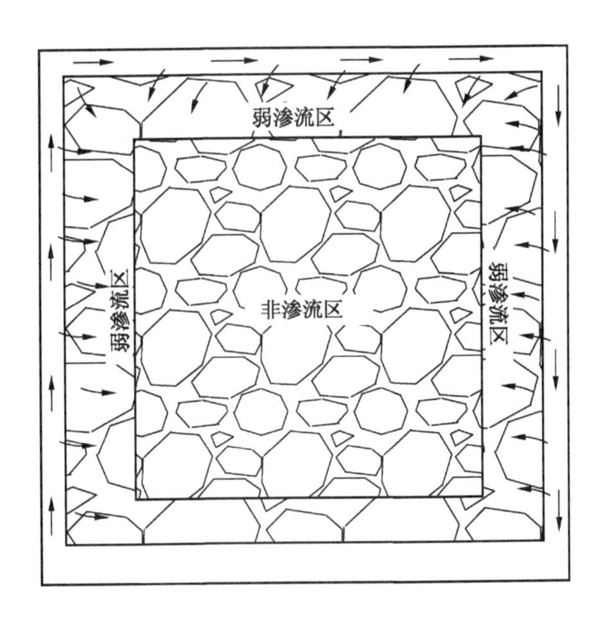

图 4-45 采空区内弱渗流区与非渗流区气体流场分布

根据非渗流区与渗流区内瓦斯的运移规律可知，当采空区涌出的瓦斯浓度较高时，弱渗流区的范围会相对变小，强渗流区基本不受工作面推进速度的影响；当采空区的瓦斯涌出量较小、瓦斯浓度较低时，强渗流区基本不发生变化，而弱渗流区会受工作面推进速度的影响，即推进速度越快弱渗流区的范围也越大。

5 瓦斯爆炸发生机理及爆炸危害

井下瓦斯爆炸的发生需要具备合适的瓦斯浓度、氧气浓度以及热源条件。瓦斯爆炸一旦发生将产生高温、高压、冲击波和有毒有害气体，对井下人员和设备造成严重的危害。本章采用物理试验模拟的方式对瓦斯爆炸的发生机理及爆炸产生的危害开展研究，为瓦斯爆炸防治措施的制定提供依据。

5.1 瓦斯爆炸的条件

1. 瓦斯浓度

瓦斯爆炸仅在一定浓度范围内发生，把瓦斯在空气中遇火后能引起爆炸的浓度范围称为瓦斯爆炸界限。由试验可知，瓦斯爆炸界限为5%～16%。当瓦斯浓度低于5%时，遇火不爆炸，但能在火焰外围形成燃烧层，当瓦斯浓度为9.5%时，氧和瓦斯将恰好完全反应，在该种情况下等量瓦斯发生的爆炸威力最大；瓦斯浓度在16%以上时，将再次失去爆炸性，但仍会发生燃烧。瓦斯爆炸界限并不是固定不变的，它受温度、压力以及煤尘、其他可燃性气体、惰性气体的混入等因素的影响。

2. 引火温度

瓦斯的引火温度，即点燃瓦斯的最低温度。一般认为，瓦斯的引火温度为650～750℃。但因受瓦斯的浓度、火源的性质及混合气体的压力等因素影响而变化：当瓦斯含量在7%～8%时，最易引燃；当混合气体的压力增高时，引燃温度即降低；在引火温度相同时，火源面积越大、点火时间越长，越易引燃瓦斯。高温火源的存在，是引起瓦斯爆炸的必要条件之一。井下抽烟、电气火花、煤炭自燃、明火作业等都易引起瓦斯爆炸。所以，在有瓦斯的矿井中作业，必须严格遵照《煤矿安全规程》中对于控制火源的有关规定执行。

3. 氧的浓度

实践证明，空气中的氧气浓度降低时，瓦斯爆炸界限随之减小，当氧气浓度减少到12%以下时，瓦斯混合气体即失去爆炸性，这一性质对井下密闭火区内产生的瓦斯爆炸有较大影响。在密闭的火区内往往积存大量瓦斯，且有高温热源的存在，但因氧的浓度低，并不会发生爆炸。如果有新鲜空气进入，氧气浓度达到12%以上，就可能发生爆炸。因此，对火区应加强管理，在启封火区时更应格外慎重，必须在火源熄灭、温度降低以后才能启封。瓦斯爆炸产生的高温高压，促使爆源附近的气体以极高的速度向外冲击，造成人员伤亡，破坏巷道和器材设施，扬起大量煤尘，并有可能引发煤尘爆炸，产生更大的破坏力。另外，爆炸后生成大量的有害气体，可能造成人员中毒死亡。

5.2 矿井瓦斯灾害

矿井瓦斯是严重威胁煤矿安全生产的主要自然因素之一。在我国大中型煤矿中，高瓦斯矿井占20.34%，瓦斯突出矿井占19.77%；小型煤矿中，高瓦斯矿井占15%左右。在通风不好或者几乎不通风的煤巷中，经常会积存大量瓦斯，如果贸然进入，会导致人员窒息。在煤矿的采掘生产过程中，还会发生瓦斯喷出或煤与瓦斯突出，对安全生产造成显著的威胁。此外，当达到一定条件时，还有可能发生瓦斯爆炸，是煤矿特有的极其严重的一种灾害，也是单起造成人员伤亡和财产损失最严重的矿井灾害。矿井瓦斯爆炸事故将产生的高温、高压，使爆炸源附近的气体以极高的速度向外冲击，降低空气中氧气含量，同时产生大量有害气体，不仅造成大量人员伤亡，而且摧毁井下巷道和设施，还有可能引起瓦斯连续多次爆炸、煤尘爆炸和井下火灾，加重灾害程度，扩大灾害面积。

煤矿井下很多地方都有可能发生瓦斯集聚，如采煤工作面、掘进工作面、材料上山等。瓦斯积聚是指采掘工作面及其他地点，局部瓦斯浓度达到2%，体积超过0.5 m^3。积聚区的瓦斯浓度有时很高，范围很大，它是造成瓦斯燃烧和爆炸的危险因素，给采掘生产带来威胁。尤其是近年来，随着工作面的不断推进，采空区瓦斯涌出总量的比例日益增大。其中，采煤工作面是最容易发生瓦斯爆炸事故的地点之一，在采煤机工作时，滚筒附近由于通风不好容易积存瓦斯，当采掘机械与坚硬夹石撞击或摩擦时会产生火花或高温，容易发生爆炸事故。采煤工作面另一个容易发生瓦斯爆炸的地点为工作面的上隅角。上隅角是采空区向工作面回风的出口，漏风将采空区内积聚的高浓度瓦斯带出，又由于工作面出口风流直角转弯，在上隅角形成涡流，瓦斯很难被风流带走，容易造成积聚。上隅角是采空区瓦斯向回采空间涌出的主要通道，当采煤工作面上隅角瓦斯浓度大大超过《煤矿安全规程》的规定时，便会引起采煤工作面上隅角瓦斯爆炸，严重威胁从业人员的生命安全和煤矿井下的安全生产，是采煤工作面的重大隐患，也是重大危险源，是长期困扰煤矿安全生产的一大难题。防治瓦斯灾害已成为煤矿安全工作中迫切需要解决的问题。

5.3　瓦斯爆炸试验

5.3.1　瓦斯浓度爆炸试验

瓦斯爆炸试验中所用的试验器材包括瓦斯袋、引爆线、引爆器、分贝测定仪、氧气袋、打气筒等，如图 5－1 所示。

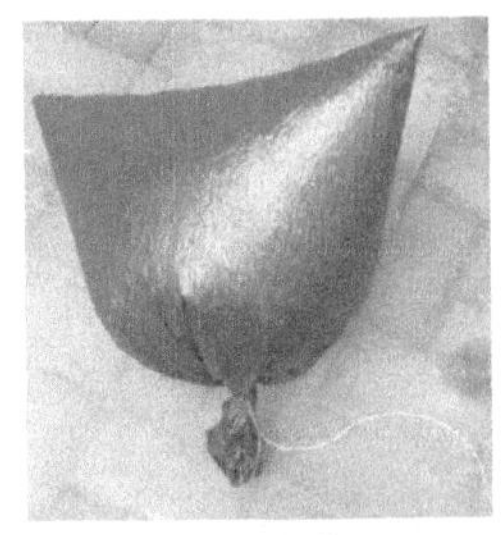

(a) 瓦斯袋

(b) 瓦斯引爆线

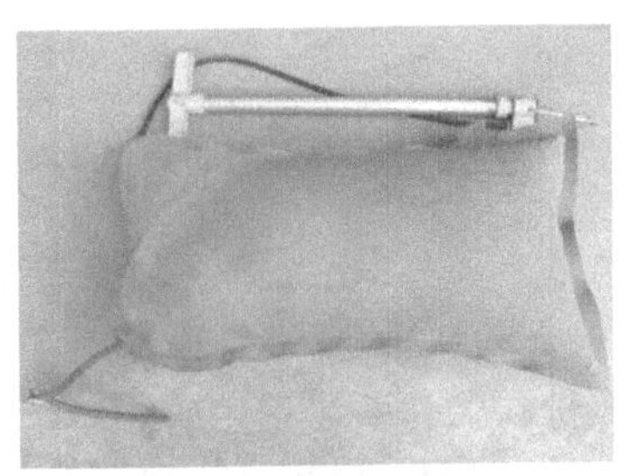

(c) 瓦斯浓度配比装置

(d) 瓦斯引爆声测定布置图

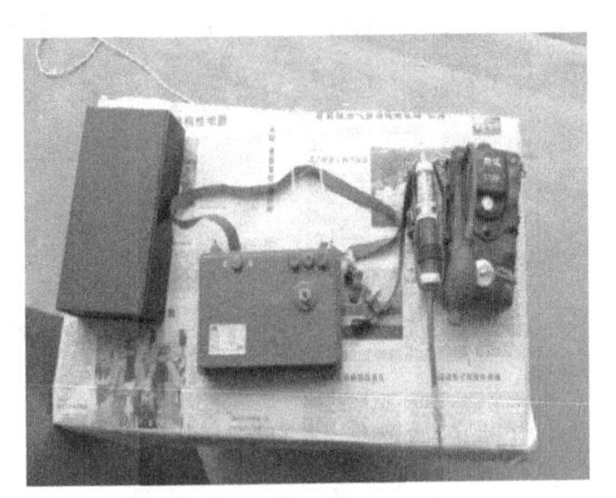

(e) 瓦斯引爆器与浓度测定仪

图 5－1　瓦斯爆炸试验设备

采用氧气袋混合不同浓度的甲烷（甲烷与空气的配比为 6%～15%），引爆器通过引爆线传导引爆，分贝仪测定产生噪声的大小。试验在标准大气压下进行，温度为 18 ℃，湿度为 63%。测得的瓦斯爆炸浓度与噪声大小的关系如图 5－2 所示。

由噪声大小与瓦斯浓度的关系曲线可以看出，在标准大气压下，甲烷与空气的配比在 6%～12% 时产生爆炸，而且在浓度为 9.5% 时产生的噪声最大，因此瓦斯浓度为 9.5% 时产生的爆炸危害性最大。

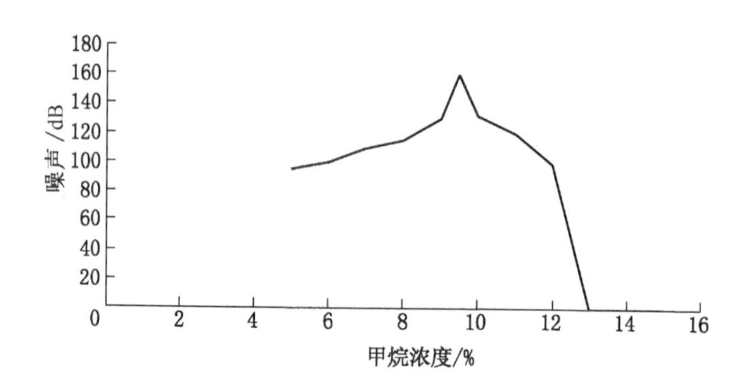

图 5-2　瓦斯浓度与噪声大小的关系曲线

5.3.2　爆轰波传播模拟试验

针对瓦斯爆炸爆轰波传播试验，通过搭建爆炸传导试验系统开展试验，主要是为了模拟瓦斯在采空区环境下爆炸传播的距离及能量衰减规律，用于模拟采空区深部的瓦斯爆炸可能对回采空间工作人员的伤害程度，为采取隔爆措施的最短安全距离提供依据。

1. 试验方法

试验采用直径为 40 cm、长度为 4.6 m 无缝钢管，在钢管内填充不同块度的岩石，用格挡装置将岩石与瓦斯装置隔离，左端放浓度为 9.5% 的瓦斯 15 L（瓦斯由引爆器通过导线引爆），并用密封环和密封盖将钢管左端密封，无缝钢管中埋设 5 组温度传感器、压力传感器，对瓦斯爆炸的压力、温度变化进行动态监测。此外，试验时，在岩石中放置小白鼠，并观测其生存状况。试验原理及试验装置如图 5-3、图 5-4 所示。

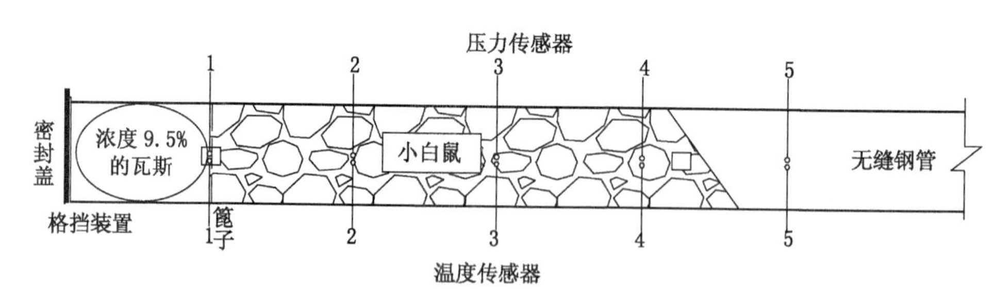

图 5-3　爆轰波传播试验示意图

图5-4 爆轰波传播试验装置

2. 试验过程

试验在标准大气压下进行，温度为18 ℃，湿度为60%。无缝钢管左端装入15 L浓度为9.5%的瓦斯，用格挡装置隔开。右侧装入岩石，岩石的平均粒径为15 cm，体积为335352 cm^3，形成的孔隙率为60%（无缝钢管右侧体积为558920 cm^3），用瓦斯引爆器引爆，并观测爆炸过程中岩石的运动状态。监测发现，岩石基本不发生变化。由于瓦斯爆炸产生的能量过低不能满足试验要求，因此改进装入岩石的量，将岩石装入长度设定为3 m、2 m并分别进行试验，观测到当装入长度为2 m时岩石有向外抛出的运动轨迹。

1）岩石孔隙率为40%时爆轰波传播规律

岩石装入的长度为2 m，孔隙率为40%，通过压力传感器、温度传感器对其压力和温度变化进行检测。瓦斯引爆后等1 min后取出小白鼠观测其生存状况，对于死亡的小白鼠分析其死因。试验传感器检测的数据见表5-1。

表5-1 压力、温度传感器数据表（孔隙率为40%）

传感器	传感器编号				
	1	2	3	4	5
压力传感器/MPa	0.45	0.66	0.50	0.39	0.30
温度传感器/℃	39	43	32	28	24

由试验结果可知，随着距爆炸点距离的增加，产生的爆轰波压力先增加后降低，变化趋势如图5-5所示，温度变化如图5-6所示。左侧两只小白鼠死亡，右侧小白鼠存活。经过解剖分析得出小白鼠的死因并非是受爆轰波的影响，而是

窒息死亡，由此可以得出发生瓦斯爆炸时爆轰波的危害性远远小于产生的有毒有害气体的危害。

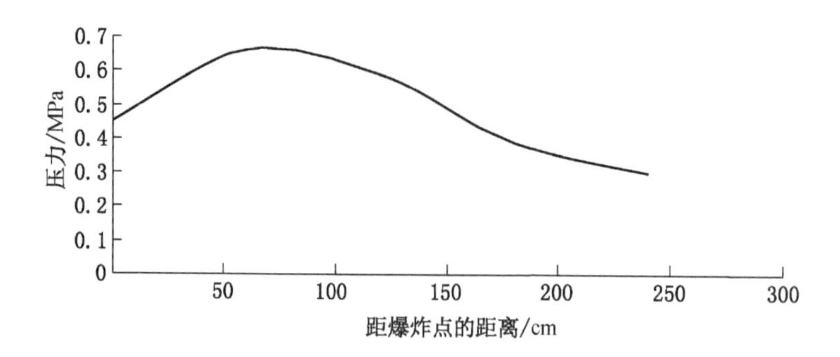

图5-5　瓦斯爆炸压力随距离的变化曲线（孔隙率为40%）

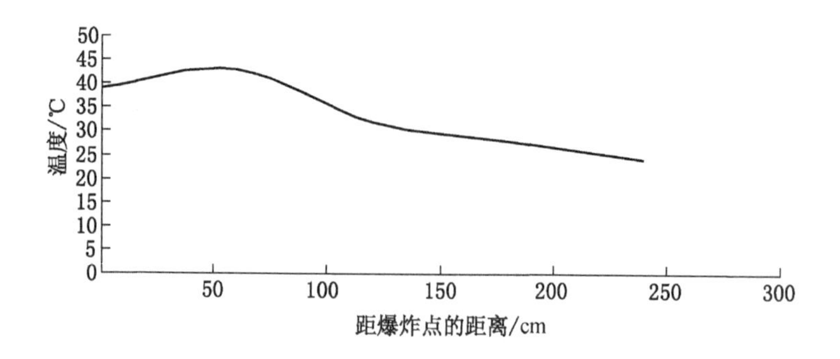

图5-6　瓦斯爆炸温度随距离的变化曲线（孔隙率为40%）

2）岩石孔隙率为30%时爆轰波传播规律

将岩石平均粒度设定为12 cm，孔隙率为30%，其他试验布置条件不变。传感器检测的数据见表5-2，瓦斯爆炸压力及温度变化趋势如图5-7、图5-8所示。

表5-2　压力、温度传感器数据表（孔隙率为30%）

传　感　器	传感器编号				
	1	2	3	4	5
压力传感器/MPa	0.45	0.69	0.56	0.41	0.32
温度传感器/℃	39	45	32	26	24

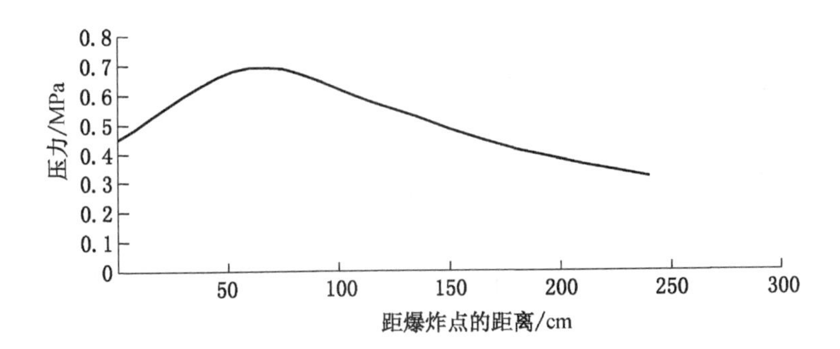

图5-7　瓦斯爆炸压力随距离的变化曲线（孔隙率为30%）

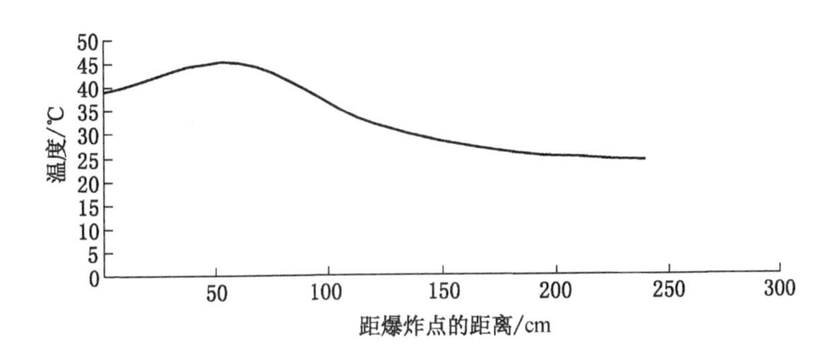

图5-8　瓦斯爆炸温度随距离的变化曲线（孔隙率为30%）

3）岩石孔隙率为20%时爆轰波传播规律

将岩石平均粒度设定为9 cm，孔隙率为20%，传感器检测的数据见表5-3，瓦斯爆炸压力及温度变化趋势如图5-9、图5-10所示。

表5-3　压力、温度传感器数据表（孔隙率为20%）

传感器	传感器编号				
	1	2	3	4	5
压力传感器/MPa	0.45	0.72	0.60	0.43	0.32
温度传感器/℃	39	48	33	28	25

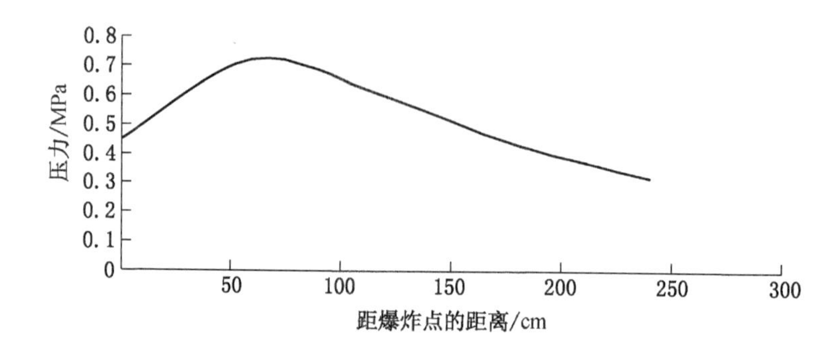

图5-9　瓦斯爆炸压力随距离的变化曲线（孔隙率为20%）

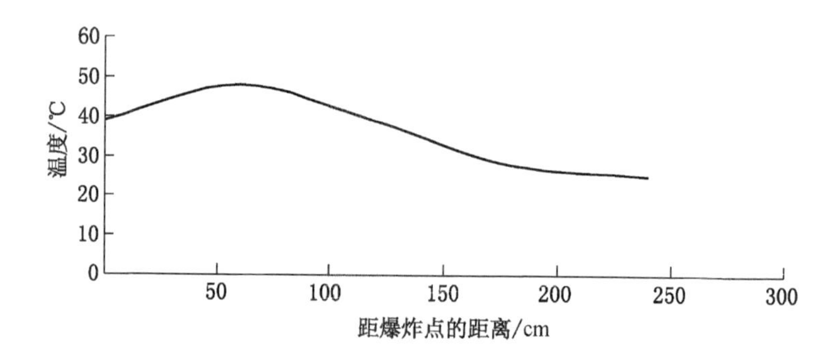

图5-10　瓦斯爆炸温度随距离的变化曲线（孔隙率为20%）

由以上试验结果可知，随着距爆炸点的距离增加产生的爆轰波的压力先是增加后降低，温度变化趋势相似。经过观察小白鼠并没有死亡，瓦斯爆炸产生的爆轰波属于半开放式，对小鼠造成的威胁相对较小。随着孔隙率的降低，压力最大值增加，变化趋势也变得缓慢，最高温度值上升，温度变化趋势降低。因此，孔隙率对于爆轰波传播过程中的压力和温度的变化趋势影响比较大。

6　采空区瓦斯爆炸地点预测预报

对采空区瓦斯爆炸地点的预测预报是减少煤矿瓦斯灾害的重要前提，基于前述研究结论，建立合理的预测方法为采空区瓦斯爆炸防治提供依据是本章要解决的重要问题。

6.1　采空区瓦斯爆炸点预测预报原理

根据砌体梁理论，随着工作面的推进，采空区四周先以 O 形破坏，然后形成 X 形破坏，基本顶初次来压时呈 X 形破坏，而在周期来压时呈半 X 形破坏，如图 6－1 所示。因此，在采空区进回风两侧附近的空间并不密实，孔隙率较高，漏风量较大。采用相似模拟试验同样可以证实以上结论，如图 6－2 所示。

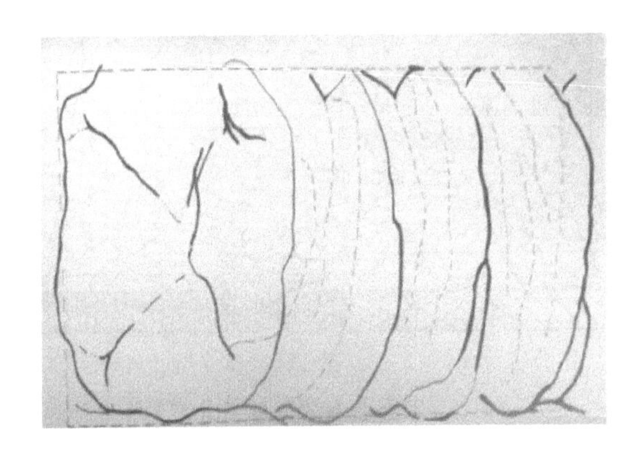

图 6－1　采空区基本顶断裂过程

以上顶板的垮落和堆积规律为采空区遗留煤炭的自燃提供了供氧条件，形成了采空区自燃的 U 形区域。根据对采空区瓦斯分布梯度规律的研究，将其划分

图6-2　采空区垮落相似模拟试验

为强流区、弱渗流区、非渗流区，因此弱渗流区与自燃U形区相互交差的部分为瓦斯易爆区，如图6-3所示。

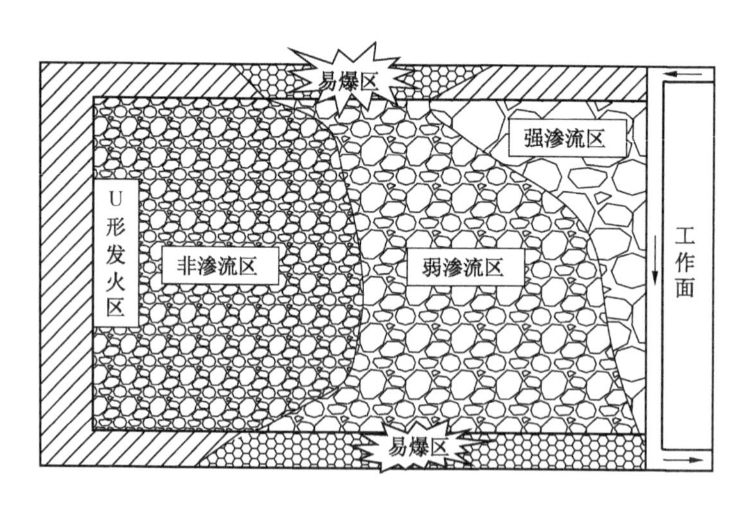

图6-3　采空区易爆区域划分示意图

6.2　正明煤业采空区自燃监测及瓦斯爆炸点预测预报

根据采空区瓦斯爆炸的原理，可以得出采空区瓦斯易爆点主要发生在两巷向采空区延伸的位置，采空区存在瓦斯积聚形成的“瓦斯库”，只要达到爆炸所需温度就极易引起爆炸。由于采空区煤炭自燃是采空区瓦斯爆炸必备火源，对采空区瓦斯爆炸点的预测可转变为针对采空区高温点的探测，即寻找煤的自然发火区。由于煤炭自燃需要经历一定时间，分为潜伏期、自热期、燃烧期。因此，采空区瓦斯爆炸点的预测预报可转变为对巷道内温度异常点的检测。为探究采空区自燃导致的回采空间异常升温点分布及变化情况，结合现场实际开展采煤工作面和巷道温度观测。

6.2.1 工作面概况

该工作面位于420 m水平下山采区，井下标高 +380 ~ +400 m，地面标高 +660 ~ +735 m，地面相对位置为劈山大渠保护煤柱以北，北以9370运输巷道为界，南部以劈山大渠煤柱为界，西部以采区溜煤上山为界，东部为原901采煤工作面15 m煤柱。煤层最大厚度为6.5 m，最小厚度为4.0 m，平均厚度为5.25 m；煤层结构复杂含有一层0.1 ~0.5 m的粉砂夹矸，开采煤层为9号煤，属于长焰煤，煤层硬度为2.1。

该工作面位于牛家窑向斜南翼，煤层倾角平均28°，采区南部煤层较厚，北部相对较薄，该工作面小型断裂构造较发育，断层延展长度较短，对回采有一定程度的影响，工作面外部以一较大断层作为停采线。工作面水文地质条件属中等，回采过程中主要受煤系地层上砂岩裂隙含水层水影响，根据瞬变电磁物探结果显示，该区域富水性较弱，根据相邻工作面观测结果，正常涌水量为20 ~ 30 m^3/h。该矿9号煤的自燃倾向性为Ⅰ级，易自燃。本工作面采用走向长壁综采放顶煤法，机采高度2.0 m，平均放顶煤高度3.25 m。采放比1∶1.625，循环进度0.5 m。本面回风巷、运输巷及开切眼均沿9号煤层底板掘进，一次成巷，采用锚网梁加锚索联合支护。

6.2.2 采空区煤自燃现场监测

预测预报采用矿用本安型红外热成像仪和矿用本安型红外测温仪（CWH425）如图6-4所示。矿用本安型红外热成像仪：产品型号为YRH250，测量范围为0 ~300 ℃；采用锂聚合物本安电池（7.2 V/1600 mA）供电，手动调焦，可充电；波长范围为8 ~14 μm；可实现实时4个可移动点监测，3个可移动区域（最高温、最低温捕捉、平均温度测温）监测，可移动线测温，等温分析，温差测量，温度报警（声音、颜色）。

首先，在煤矿下采煤样10 kg和井下支护采用的锚网、锚杆、锚索、工字钢、备板等支护材料放在常温（25 ℃）实验室内，采用本安型红外测温仪对其表面温度进行测量。测得煤温为25.6 ℃，金属材料表面温度基本一致为24.7 ℃，木材表面温度为25.2 ℃。通过本安型红外热成像仪检测煤体中不同水

(a) 矿用本安型红外热成像仪

(b) 矿用本安型红外测温仪

图6－4　采空区煤自燃现场监测设备

分对其温度变化的影响，先将检测煤体中的水分为9.5%，然后根据试验需要分别将煤样配置成含水量为10%、15%、20%、25%、30%、35%、40%、45%，在常温（25 ℃）下放置两天后检测其温度分别为25.2 ℃、25.3 ℃、25.4 ℃、25.5 ℃、25.6 ℃、25.9 ℃、24.5 ℃、24 ℃。由此可以看出，煤体中水分的含量对煤自燃会产生一定影响，当水分低于35%时对煤体自燃起到促进作用，当水分超过35%时会对煤炭自燃起到抑制作用。因此，采用矿用本安型红外测温仪在井下对煤体异常点检查时，应避开金属和木板，只对煤体进行扫描，用矿用本安型红外热像仪对温度异常点进行测量，找出高温点，以保证检测准确。

根据上述矿用本安型红外测温仪的检测特点，结合矿井工作面生产情况（工作面布置如图6－5所示），把进风巷入口作为参照点，每天对其周围的煤体进行扫描。以工作面超前100 m为主要检测对象，以巷道两帮中线、顶板中线以及顶板与两帮的交线为扫描的主要对象，如图6－6所示。每天同一个时间对巷道内的煤体温度进行扫描，并记录相关数据，对距工作面距离大于100 m的巷道每周扫描一次。现场监测数据见表6－1、表6－2所示，温度变化曲线如图6－7至图6－12所示。

经过实际测量，顶板与两帮的交线的温度测试结果基本上跟进回风巷中线的温度测试结果一样，因此不再重述。根据上述监测数据和温差变化曲线可以得看出，进风巷距工作面29 m处出现温度异常；回风巷距工作面36 m处出现温度异常；顶板煤体温度没有出现温度异常点。对以上温度异常点处打钻，将温度传感器对煤体深部温度进行探测，经过实测数据可以得知煤体深部温度呈上升趋势，由此可以看出该处煤炭具有自燃趋势，将该处煤炭挖出用混凝土填充或者通过喷浆将此处煤体密封与空气隔绝，经过长时间检测采空区内没有出现煤炭自燃和瓦斯爆炸灾害。

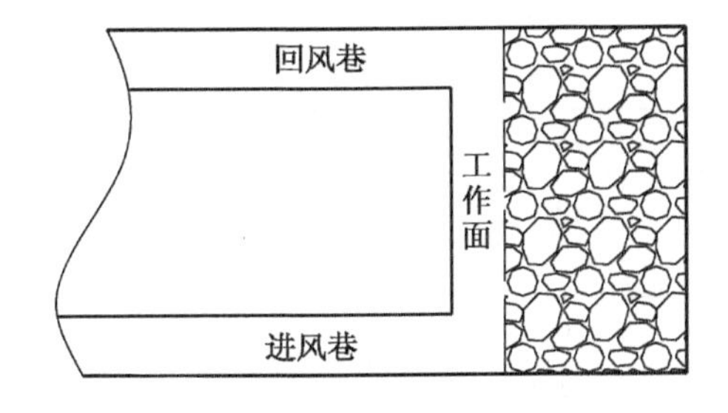

图6-5 正明煤业采煤工作面布置

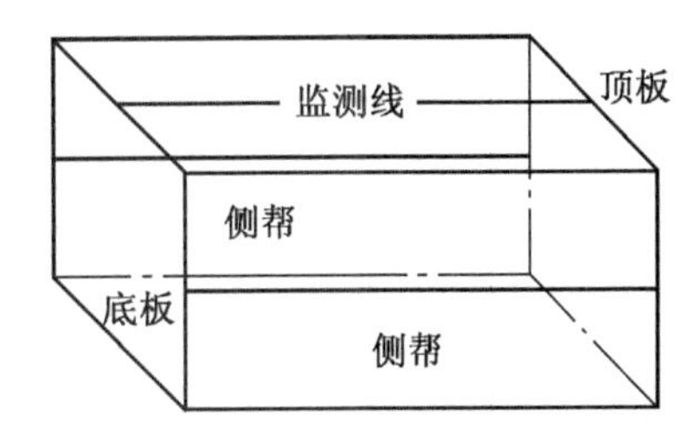

图6-6 红外热像仪巷道检测

表6-1 进风巷温度检测表

编号	井口温度/℃	进风巷入口温度/℃	监测点距工作面的位置及温度			
			距工作面距离/m	左侧帮温度/℃	右侧帮温度/℃	顶板温度/℃
1	26	22	1	24.9	24.9	24.9
2	26	22	2	24.9	24.9	24.9
3	27	23	3	25.8	25.8	25.8
4	24	20	4	22.9	22.8	22.8
5	23	19	5	21.8	21.8	21.8
6	22	18	6	20.7	20.7	20.7
7	23	19	7	21.7	21.7	21.7
8	27	23	8	25.7	25.7	25.7
9	23	19	9	21.6	21.6	21.6
10	22	18	10	20.6	20.6	20.6
11	27	23	11	25.6	25.6	25.6
12	25	21	12	23.5	23.5	23.5
13	23	19	13	21.5	21.5	21.5
14	22	18	14	20.5	20.5	20.5
15	26	22	15	24.4	24.4	24.4

表6-1（续）

编号	井口温度/℃	进风巷入口温度/℃	监测点距工作面的位置及温度			
			距工作面距离/m	左侧帮温度/℃	右侧帮温度/℃	顶板温度/℃
16	22	18	16	20.4	20.4	20.4
17	26	22	17	24.4	24.4	24.4
18	27	23	18	25.3	25.3	25.3
19	28	24	19	26.3	26.3	26.3
20	29	25	20	27.3	27.3	27.3
21	28	24	21	26.2	26.2	26.2
22	26	22	22	24.2	24.2	24.2
23	24	20	23	22.2	22.2	22.2
24	20	16	24	18.1	18.1	18.1
25	27	23	25	25.1	25.1	25.1
26	26	22	26	24.1	24.1	24.1
27	25	21	27	23.0	23.0	23.0
28	28	24	28	26.1	26.0	26.0
29	30	26	29	28.5	28.1	28.0
30	26	22	30	23.9	23.9	23.9
31	22	19	32	20.9	20.9	20.9
32	21	18	34	19.9	19.9	19.9
33	27	24	36	25.9	25.9	25.9
34	29	26	38	27.8	27.8	27.8
35	30	27	40	28.8	28.8	28.8
36	26	23	42	24.8	24.8	24.8
37	30	27	44	28.8	28.8	28.8
38	25	22	46	23.7	23.7	23.7
39	29	26	48	27.7	27.7	27.7
40	30	27	50	28.7	28.7	28.7
41	24	21	52	22.7	22.7	22.7
42	24	21	54	22.6	22.6	22.6
43	25	22	56	23.5	23.6	23.5

表6-1（续）

编号	井口温度/℃	进风巷入口温度/℃	监测点距工作面的位置及温度			
			距工作面距离/m	左侧帮温度/℃	右侧帮温度/℃	顶板温度/℃
44	23	21	58	22.5	22.5	22.5
45	24	21	60	22.5	22.5	22.5
46	24	21	62	22.4	22.4	22.4
47	24	21	64	22.4	22.4	22.4
48	25	22	66	23.4	23.4	23.4
49	24	21	68	22.4	22.3	22.3
50	25	22	70	23.3	23.3	23.3
51	28	25	73	26.3	26.3	26.3
52	29	26	76	27.3	27.2	27.3
53	30	27	79	28.2	28.2	28.2
54	28	25	82	26.2	26.2	26.2
55	28	25	85	26.2	26.2	26.2
56	30	27	88	28.2	28.2	28.2
57	27	24	91	25.1	25.1	25.1
58	27	24	94	25.1	25.1	25.1
59	22	19	97	20.1	20.1	20.1
60	25	22	100	23.0	23.0	23.0
61	28	25	103	26.0	26.0	26.0

表6-2 回风巷温度检测表

编号	井口温度/℃	回风巷入口温度/℃	监测点距工作面的位置及温度			
			距工作面距离/m	左侧帮温度/℃	右侧帮温度/℃	顶板温度/℃
1	26	22	1	25.1	25.1	25.1
2	26	22	2	25.1	25.1	25.1
3	27	23	3	26.0	26.0	26.0
4	24	20	4	23.1	23.0	23.0
5	23	19	5	22.0	22.0	22.0

表6-2（续）

编号	井口温度/℃	回风巷入口温度/℃	监测点距工作面的位置及温度			
			距工作面距离/m	左侧帮温度/℃	右侧帮温度/℃	顶板温度/℃
6	22	18	6	20.9	20.9	20.9
7	23	19	7	21.9	21.9	21.9
8	27	23	8	25.9	25.9	25.9
9	23	19	9	21.8	21.8	21.8
10	22	18	10	20.8	20.8	20.8
11	27	23	11	25.8	25.8	25.8
12	25	21	12	23.7	23.7	23.7
13	23	19	13	21.7	21.7	21.7
14	22	18	14	20.7	20.7	20.7
15	26	22	15	24.6	24.6	24.6
16	22	18	16	20.6	20.6	20.6
17	26	22	17	24.6	24.6	24.6
18	27	23	18	25.5	25.5	25.5
19	28	24	19	26.5	26.5	26.5
20	29	25	20	27.5	27.5	27.5
21	28	24	21	26.4	26.4	26.4
22	26	22	22	24.4	24.4	24.4
23	24	20	23	22.4	22.4	22.4
24	20	16	24	18.3	18.3	18.3
25	27	23	25	25.3	25.3	25.3
26	26	22	26	24.3	24.3	24.3
27	25	21	27	23.2	23.2	23.2
28	28	24	28	26.3	26.2	26.2
29	30	26	29	28.3	28.3	28.3
30	26	22	30	24.1	24.1	24.1
31	22	19	32	21.1	21.1	21.1
32	21	18	34	20.1	20.1	20.1
33	27	24	36	26.3	26.9	26.1

表6-2（续）

编号	井口温度/℃	回风巷入口温度/℃	监测点距工作面的位置及温度			
			距工作面距离/m	左侧帮温度/℃	右侧帮温度/℃	顶板温度/℃
34	29	26	38	28.0	28.0	28.0
35	30	27	40	29.0	29.0	29.0
36	26	23	42	25.0	25.0	25.0
37	30	27	44	29.0	29.0	29.0
38	25	22	46	23.9	23.9	23.9
39	29	26	48	27.9	27.9	27.9
40	30	27	50	28.9	28.9	28.9
41	24	21	52	22.9	22.9	22.9
42	24	21	54	22.8	22.8	22.8
43	25	22	56	23.7	23.8	23.7
44	23	21	58	22.7	22.7	22.7
45	24	21	60	22.7	22.7	22.7
46	24	21	62	22.6	22.6	22.6
47	24	21	64	22.6	22.6	22.6
48	25	22	66	23.6	23.6	23.6
49	24	21	68	22.6	22.5	22.5
50	25	22	70	23.5	23.5	23.5
51	28	25	73	26.5	26.5	26.5
52	29	26	76	27.5	27.4	27.5
53	30	27	79	28.4	28.4	28.4
54	28	25	82	26.4	26.4	26.4
55	28	25	85	26.4	26.4	26.4
56	30	27	88	28.4	28.4	28.4
57	27	24	91	25.3	25.3	25.3
58	27	24	94	25.3	25.3	25.3
59	22	19	97	20.3	20.3	20.3
60	25	22	100	23.2	23.2	23.2
61	28	25	103	26.2	26.2	26.2

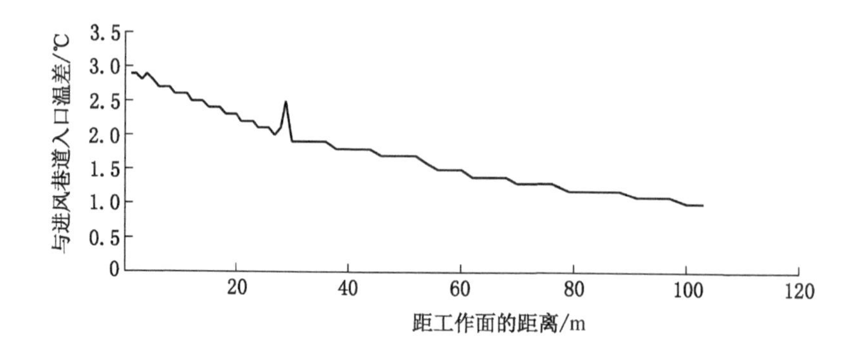

图6-7　进风巷左帮与进风巷道入口温差变化曲线

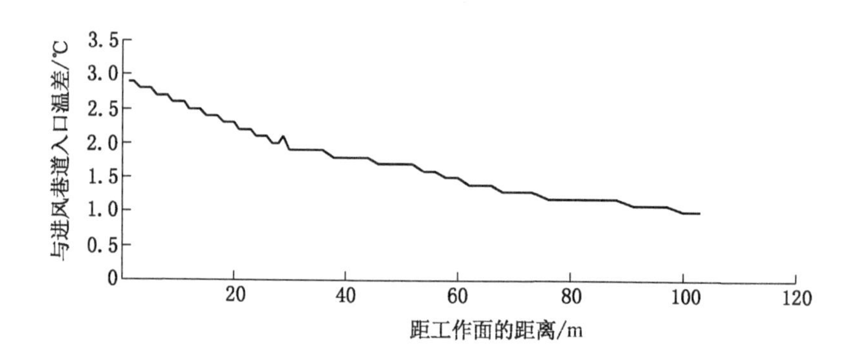

图6-8　进风巷右帮与进风巷道入口温差变化曲线

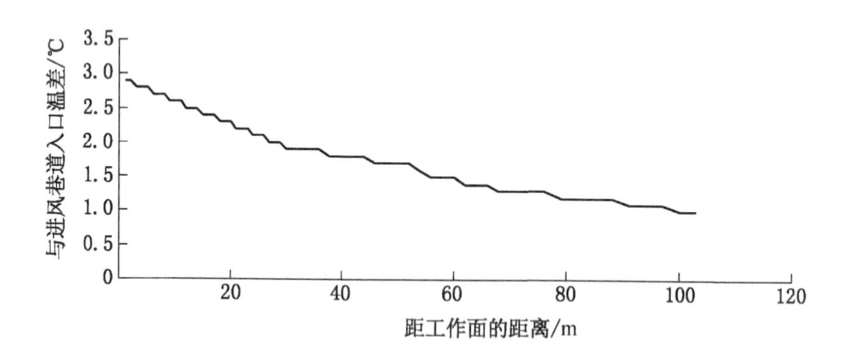

图6-9　进风巷顶板与进风巷道入口温差变化曲线

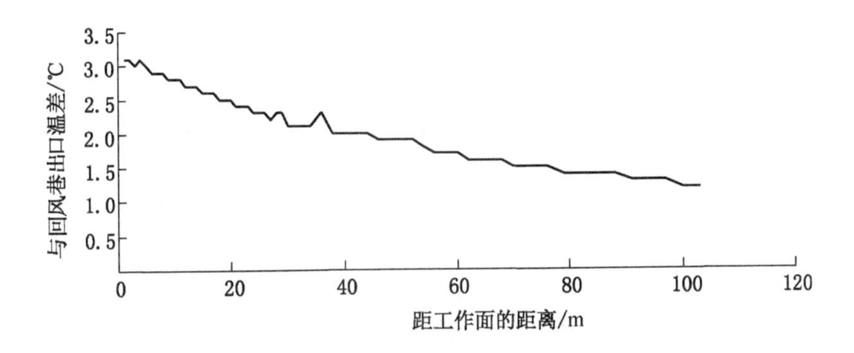

图6-10　回风巷左帮与回风巷出口温差变化曲线

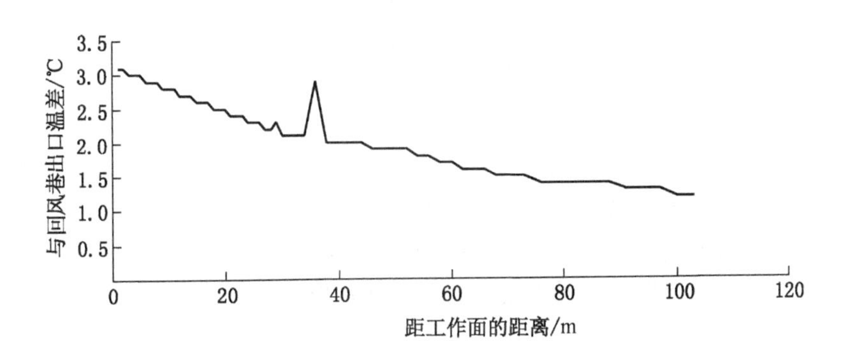

图6-11　回风巷右帮与回风巷出口温差变化曲线

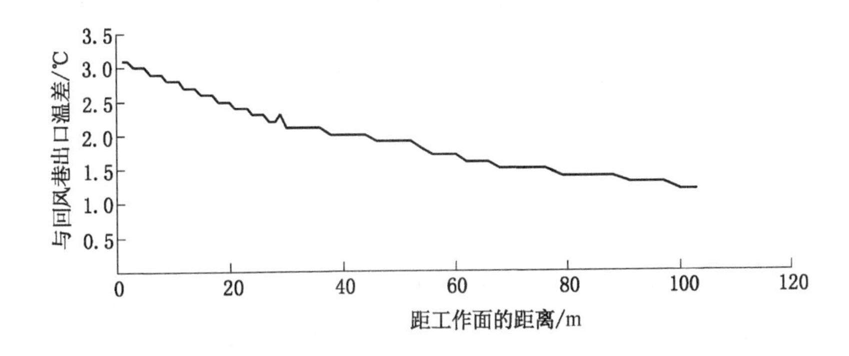

图6-12　回风巷顶板与回风巷出口温差变化曲线

6.2.3 采空区瓦斯爆炸的预测预报

根据采空区瓦斯爆炸原理、矿山压力原理、通风原理、自燃引爆理论以正明煤业为例对采空区瓦斯爆炸进行预测。假设巷道内存在 n 处构造，则产生煤炭自燃达到爆炸点的概率为

$$p_1 = \frac{1}{n}$$

假设采空区非渗流区瓦斯浓度高于瓦斯爆炸范围，这样随着开采原因导致的地面沉降引起的上覆岩层周期性对采空区进行挤压，使得高浓度瓦斯向工作面运移。根据地面沉降规律得知，当工作面推进长度为开采深度的 1/4 ~ 1/3 后开始沉降，如果推进速度为 v，则产生瓦斯爆炸的概率为

$$p_2 = \frac{(1/4 \sim 1/3)H}{365v}$$

则采空区产生瓦斯爆炸的概率为

$$p = p_1 p_2$$

根据正明煤业的开采情况，平均开采深度为 310 m，工作面推进速度为 5 m/d，巷道内有 6 处构造。因此，采空区产生瓦斯爆炸的概率为 0.806% 。当采空区内存在瓦斯浓度在 5% ~16% 的范围内、氧气浓度大于 12% 、遗留的煤体自燃温度到达瓦斯爆炸所需要的温度时，采空区瓦斯 100% 爆炸。

6.3 基于采空区瓦斯爆炸地点预测的特大瓦斯爆炸事故原因分析

2004 年 11 月 28 日 7 时 10 分左右，陕西省铜川矿务局陈家山煤矿 415 采煤工作面发生特大瓦斯爆炸事故，当时井下有 293 人作业，其中 127 人获救、166 人遇难。陈家山矿难被认定为中国煤炭行业 46 年来仅次于孙家湾矿难的一次特大安全事故，这也是该矿的第 2 次事故。该矿在 2001 年 4 月 6 日发生第 1 次特大瓦斯爆炸事故，造成 38 人死亡、7 人受伤。发生爆炸的 2 个采煤工作面同在一个采区的相邻区段。

陈家山煤矿是铜川矿务局下属主力煤矿，原设计能力只有 1.5 Mt，2004 年截至发生事故时已产煤 2.15 Mt。其安全生产条件在中国的煤矿中已属较高水平，采、掘机械化程度分别达到 100% 和 75.5% 。井下还安装了瓦斯监测断电系统，只要瓦斯超限就立刻切断电源，并且从地面的调度室能直接了解到工作面的瓦斯浓度情况。安全措施相对健全的国有大型矿井发生特大瓦斯爆炸事故的原因有待进一步分析。基于陈家山煤矿 415 采煤工作面的生产技术条件，结合煤炭自燃引

起瓦斯爆炸的机理以下分析爆炸的原因。

6.3.1　综放面的自燃隐患区域分析

我国的缓倾斜综放工作面，一般采用后退式采煤法。回采之前沿煤层底板掘两条巷道至采区边界，形成采煤工作面。由于考虑到安全原因工作面初采时不放煤，正常回采期间工作面两端头有2架不放煤，其上顶煤随顶板垮落而留在采空区。工作面推进到终采线附近时只采不放，顶煤全部留在采空区。这些都为工作面后方的煤炭自燃提供了必要的条件。

不论煤炭在何处自燃都要经过潜伏期、自热期、发火期3个阶段，且这一过程必须始终满足自燃的3个条件，特别是外因条件，需具备连续供氧和聚热条件。对于综放工作面来讲，最早揭露的是回采巷道，在回采之前巷道表面的煤体已与空气接触，从时间上来讲，它已处于自燃的潜伏期，但由于散热条件好，暂时不会发生自燃。由于巷道掘进时在它的附近形成了1个松动圈，在该圈内煤体的破坏基本上是以裂隙张开形式出现的，因此巷道中的空气在裂隙张开时就渗透进去，并与裂隙周围的煤体发生反应，裂隙较小，容纳空气少，反应不充分，产生的热量少；反之则相反，并且在较深裂隙中产生的热量与空气对流交换几乎是不可能的，因此不具备连续供氧条件。在巷道周围松碎煤体中，供氧及空气对流的条件较充分，煤体中易产生热量并积聚，所形成的热量与裂隙的大小和密度有关，裂隙宽、密度大，单位煤体内产生的热量就多，自然发火的可能性就大。

回采巷道自掘进到采煤工作面推过去，少则数月，多则几年，这样长的时间，巷道松动圈内的氧化反应时间是充分的，但能否发火则主要取决于松动圈内裂隙的发育情况。裂隙发育程度直接反映煤裂隙体内煤氧接触的面积，接触面积大氧化反应速度快，反之相反，而裂隙的发育程度又受构造和巷道矿压显现情况的制约。据此可得出以下两点结论：一是在回采巷道内最容易形成自然发火的地点是断层、褶曲及裂隙发育带；二是发火点沿回采巷道延伸方向呈点式分布，即呈局部发火分布，或者更准确地说沿回采巷道延伸方向，不同的区间处在不同发火时期。

由上述分析可知，巷道松动圈内煤体的氧化时间是充足的，能否发火主要取决于裂隙内能否连续供氧，有3种假设：

（1）若具备连续供氧，就可能出现巷道火灾。

（2）暂不具备，但经过回采垮落后处于弱渗流带内的煤炭具备了自然发火的条件，还可能有采煤工作面内一些发火的征兆。

（3）若到无渗流区，垮落顶煤仍处于自燃的潜伏期，对工作面没有威胁。

根据陈家山矿的开采条件可知，该矿已有前两种发火状况，即11月23日回采巷道内出现了发火点，并采取了灭火措施，这种情况下可能会出现 3 种状态：一是灭火比较彻底，不会复燃；二是灭火不够彻底，巷道发火处的顶煤在采空区垮落后又复燃起来；三是隐性发火点在采空区内产生了自燃。后两种发火情况在 415 采煤工作面是存在的，因此陈家山矿 415 工作面的采空区内存在发火点的可能性极大，为瓦斯爆炸提供了火源。

6.3.2 采空区煤炭自燃引发瓦斯爆炸机理

决定煤炭能否自然发火的另一重要条件是堆积量。煤炭在松散堆内的自燃是一个“燃烧正反馈”过程，即煤堆深处的煤炭首先出现温度升高，使氧化速度加快并形成火风压，热风流逐渐向上（外）发展，上部煤炭温度升高又促进了深部煤炭的氧化速度；同时在火风压的作用下，就可能在发火区与非发火区之间形成慢速涡流，使热量形成对流交换，这样里外共同升温，直至燃烧，从而形成了“煤炭自燃正反馈”。采空区内煤堆最外围的煤炭由于与岩石接触，部分热量被吸收，加之空气渗流的携热作用使其温度较低。

由上述过程不难看出，火风压在 CO 与空气对流中起着关键作用，CO 是从燃烧着的煤炭中产生的，产生之初温度较高，加之密度较低，因而其产生上升动力——火风压，在火风压的作用下燃烧煤炭的上方形成了上升气流。当热气向上移动的过程中接触岩石后，其温度会降低，火风压的作用就会减小，气体停止流动。但由于 CO 密度较小，会继续沿着更高的岩块缝隙上升，直至最高处。而变冷的空气受到后续热气流的作用会朝火源外侧移动，随着空气与岩石的进一步接触降温，其密度相对提高，冷空气会产生下降动能。由于火源上方热气的上升，在火源侧面形成微弱负压区，冷空气补充进来，其过程如图 6－13 所示。

火源在这里起到两个作用：一是局部通风机的作用，使空气产生涡流；二是使 CO 在高位岩缝中积聚，并随着继续积聚其下位在下移，当下位处的温度和浓度突破爆炸临界点时就形成了爆炸。

为了形象地描述上述过程，将气体对流区域内的功能用图 6－13b 所示的结构图来表示。煤炭自燃处是对流的动力源，可等效为风机，其所在区域为火风机区；热气上升过程中与巷道内常温空气和巷道壁煤岩接触，温度降低，该区域为冷却区；在对流区域的上部，受到冷却的混合气体由于物理性质的差异，密度较小的 CO 气体滞留在巷道上方形成 CO 积聚区，其余气体相对下降，在此区域气体成分发生了分离，为分离区。不仅如此，CO 积聚区会随着燃烧的进行不断扩大，所涉及的大致范围可定义为虚拟空间，且在远离燃烧区域，气体将产生明显的冷却和回流。

以上所阐述的理论可通过观察生活中的燃烧现象得到证实。如冬季在房间内

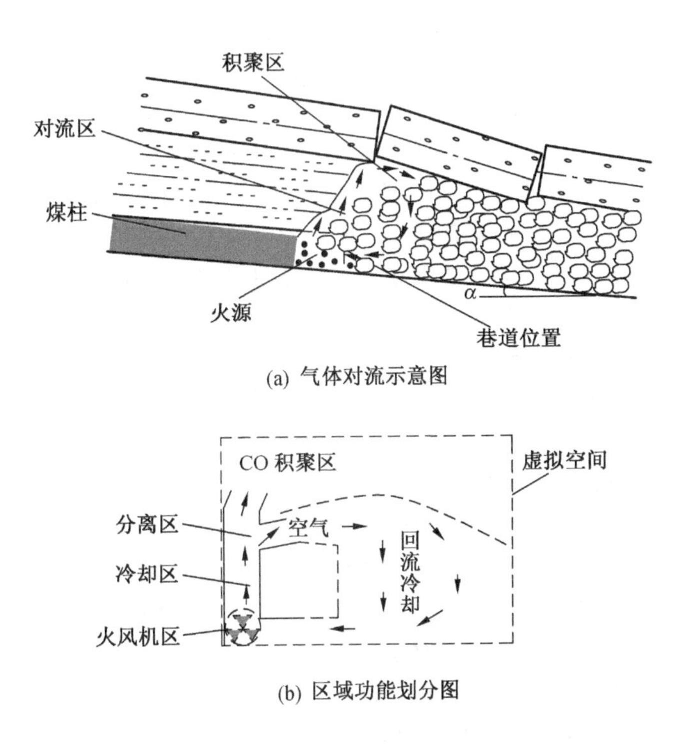

图 6-13 在火风压作用下气体对流示意图及区域功能划分图

生煤炉，其引火木柴产生的烟气，在无扰动的情况下，会在房间的顶部形成烟气层。在此种现象中烟气的主要成分是 CO_2，然而 CO_2 的密度要比空气的密度大，但在火风压的作用下，仍能形成 CO_2 浮层。在采空区内煤炭自燃产生的 CO 要比空气的密度小，更易形成 CO 浮层。

在此需要说明的是，在火风压作用下的对流范围不会很大，其形成范围主要受 3 个方面影响：一是火源温度，温度越高火风压越大，对流越强烈，波及范围越大；二是火源范围；三是岩石垮落高度，其高度越大，产生火风压压差越大，对流越强烈，波及范围越大。对流范围的大小，决定了参加爆炸介质量的多少，而爆炸介质量的多少决定了爆炸的强度。由于火风压波及范围较小，因而爆炸产生的冲击波也不会太大，并且由于爆炸冲击波经过强渗流区的碎裂岩石后，强度大大减弱，一般只能听到爆炸声，有时会波及工作面并有有害气体喷出，危及生命安全。

采空区局部瓦斯爆炸可能引起更大的瓦斯爆炸。在其冲击波的作用下，对采空区“三区”内不同浓度的瓦斯气体产生涡流，混合后的气体若能达到爆炸浓度，在高温爆炸气体的作用下可能延续局部爆炸，从而形成大范围的瓦斯爆炸。

6.3.3 陈家山特大瓦斯爆炸原因分析

发生事故的415工作面位于四采区左翼，上邻的413工作面已采完，下邻的417工作面待采，事故点距离开切眼700 m，工作面长150 m，总推进长度1700 m，4－2煤层为易自然发火煤层，自然发火期为4～6个月，最短24天。煤尘爆炸指数为35.02%。4－2煤层瓦斯含量为1.38～7.26 mL/g，平均为2.78 mL/g。该工作面采用走向长壁综采放顶煤采煤法。以下从陈家山矿的生产技术条件方面探讨其对瓦斯爆炸的影响。

1. 回采巷道自然发火是采空区存在火源的有力证据

415采煤工作面瓦斯爆炸前，采空区是否存在自然发火点是判断自燃引起瓦斯爆炸的关键，因此有必要说明陈家山矿的发火情况。

首先说明发火点的位置。在415采煤工作面发生爆炸之前的11月23日，回采巷道内发现了明火，并采取了灭火措施，工作面继续推进，到11月28日发生爆炸前大约推进了27.5 m。根据采空区“三区”划分理论可知：强渗流区宽度为3～10 m，弱渗流区宽度为5～15 m，两区距离的和为8～25 m，这说明巷道发火点可能处于窒息区与弱渗流区边界上。在此取最大值是因为发生事故前基本顶放不下来，出现大面积悬空，因而两区宽度加大。

其次，对巷道发火点甩到采空区后的情况进行分析。415采煤工作面在11月23日出现的回采巷道着火说明了4－2煤层属于极易自燃煤层，巷道所有破碎带已处于自然发火的第3期——自燃期，只是发火点有无明火的区别。415采煤工作面的巷道发火后存在两种可能：一是虽然对巷道明火采取了灭火措施，但仍不能排除其复燃的可能性；二是在巷道明火的附近还隐藏着次级发火点（隐含火点），虽然巷道内没有明火，但被甩到采空区后仍有发火的可能。因此可以判断415采煤工作面在11月23日之后，采空区存在发火点的可能性非常大，为瓦斯爆炸提供了点火火源。

2. 基本顶回转垮落导致瓦斯爆炸的动因

在基本顶垮落之前，采空区的“三区”界限变化不大，瓦斯浓度外低内高，但是由于基本顶大面积垮落，扰乱了“三区”的界限，同时也扰动了原瓦斯浓度的分布。垮落伊始，基本顶远端首先开始垮落，在基本顶上部裂隙内形成短时间负压，而在基本顶下面的空间内气体受到压迫而外移，这就是说在基本顶回转垮落的作用下，采空区深部高浓度的瓦斯向外移动。当基本顶下降到一定高度后，在基本顶上部负压的作用下，基本顶下部的部分气体将绕过基本顶远端面回填基本顶上部空间，气体又开始向里移动，当基本顶完全接触到已垮落的直接顶矸石后，基本顶上下部压力达到新的平衡。经过发火点的瓦斯浓度在基本顶垮落的煽动作用下处在动态变化中，当高、低浓度的瓦斯流经发火点时，一旦达到爆炸浓度的瓦斯（爆炸界限5.6% ~16%）与发火点相遇，将会引起瓦斯爆炸。

综合以上分析可知，通过对形成特大瓦斯爆炸条件（火源、瓦斯量、瓦斯浓度）的分析，结合陈家山矿的生产技术条件，可得415采煤工作面瓦斯爆炸的原因如下：

（1）采空区煤炭自燃是瓦斯爆炸的引爆源。

（2）采空区深部积聚的大量瓦斯是爆炸的能量库。

（3）基本顶回转垮落扰动采空区气体流动，使其达到爆炸浓度，气流经过煤炭自燃区域时，点燃了浓度在爆炸范围内的瓦斯，因而导致了特大瓦斯爆炸。

（4）煤炭自燃产生的局部瓦斯爆炸也可能导致瓦斯爆炸。

参 考 文 献

[1] 杨永辰，刘富明，吕秀江，等．铜川矿务局陈家山煤矿特大瓦斯爆炸事故的原因分析［J］．矿业安全与环保，2007，34（5）：85－87.

[2] 徐精彩，张辛亥，邓军，等．常村煤矿2106综放面采空区“三带”规律及自燃危险性研究［J］．湖南科技大学学报（自然科学版），2004，19（3）：1－4.

[3] 许延辉，许满贵，徐精彩．煤自燃火灾指标气体预测预报的几个关键问题探讨［J］．矿业安全与环保，2005，32（1）：16－18.

[4] 邓军，张燕妮，徐通模，等．煤自然发火期预测模型研究［J］．煤炭学报，2004，29（5）：568－571.

[5] 杨胜强，徐全，黄金，等．采空区自燃“三带”微循环理论及漏风流场数值模拟［J］．中国矿业大学学报，2009，38（6）：769－773.

[6] 黄金，杨胜强，褚廷湘，等．采空区自燃三带漏风流场的数值模拟［J］．煤炭科学技术，2009，37（6）：60－63.

[7] 王雷，杨胜强．采空区自燃“三带”分布规律及其数值模拟研究［J］．能源技术与管理，2006（3）：12－14.

[8] 杨胜强，张人伟，邸志前，等．综采面采空区自燃“三带”的分布规律［J］．中国矿业大学学报，2000，29（1）：93－96.

[9] 齐庆杰，黄伯轩．用计算机模拟法判断采空区自然发火位置［J］．矿业安全与环保，1997（5）：7－9.

[10] 齐庆杰，黄伯轩．用流场理论确定采空区火源点位置［J］．工业安全与防尘，1997（9）：29－32.

[11] 冯圣洪，黄伯轩．用三维渗流理论研究采空区均压防灭火［J］．辽宁工程技术大学学报，1991（S1）：74－75.

[12] 黄伯轩，韩来德，汪洋，等．用信息处理技术判断自然发火位置［J］．煤炭学报，1986（1）：63－69.

[13] V Fierro, J. L Miranda, C Romero, et al. Prevention of spontaneous combustion in coal stockpiles [J]. Fuel Processing Technology, 1999, 59 (1).

[14] V Fierro, J. L Miranda, C Romero, et al. Model predictions and experimental results on self-heating prevention of stockpiled coals [J]. Fuel, 2001, 80 (1).

[15] 余明高，晁江坤，褚廷湘，等．承压破碎煤体渗透特性参数演化实验研究［J］．煤炭学报，2017，42（4）：916－922.

[16] 余明高，晁江坤，贾海林．综放面采空区自燃“三带”的综合划分方法与实践［J］．河南理工大学学报（自然科学版），2013，32（2）：131－135.

[17] 李宗翔，贾进章，武建国．基于“O”型冒落及耗氧非均匀采空区自燃分布特征［J］．煤炭学报，2012，37（3）：484－489.

[18] 李宗翔，刘宇，张明乾，等．煤自燃发火潜伏期不同温度下耗氧特性的研究［J］．中国安全生产科学技术，2017，13（12）：125－130.

[19] 王继仁，张勋，王钰博，等．多层采空区流场多点调控反馈补偿整体平衡理论［J］．煤炭学报，2014，39（8）：1441－1445.

[20] 贺飞，王继仁，郝朝瑜，等．浅埋近距离煤层内错布置采空区自燃危险区域研究［J］．中国安全生产科学技术，2016，12（2）：68－72.

[21] 李宗翔．采空区遗煤自燃过程及其规律的数值模拟研究［J］．中国安全科学学报，2005，15（6）：15.

[22] 李宗翔，许端平，刘立群．采空区自然发火"三带"划分的数值模拟［J］．辽宁工程技术大学学报，2002，21（5）：545－548.

[23] 李宗翔，海国治，秦书玉．采空区风流移动规律的数值模拟与可视化显示［J］．煤炭学报，2001，26（1）：76－80.

[24] 仲晓星，王德明，陆伟，等．交叉点温度法对煤氧化动力学参数的研究［J］．湖南科技大学学报（自然科学版），2007，22（1）：13－16.

[25] 仲晓星，王德明，周福宝，等．金属网篮交叉点法预测煤自燃临界堆积厚度［J］．中国矿业大学学报，2006，35（6）：718－721.

[26] 魏引尚，郑活勃，王宁．采空区自燃"三带"特征的最小二乘法分析［J］．西安科技大学学报，2015，35（2）：159－164.

[27] 魏引尚，刘云飞．基于 Monte Carlo 方法的回采面瓦斯涌出量预测［J］．煤炭工程，2015，47（3）：83－85.

[28] 魏引尚，刘云飞．基于 Monte Carlo 方法改进的 BP 神经网络对回采工作面瓦斯涌出量预测［J］．煤炭工程，2014，46（12）：84－86.

[29] 魏引尚，梅振华．采空区瓦斯分布与蓄热区位置判定［J］．煤矿安全，2009，40（11）：32－34.

[30] 魏引尚，王蓬．基于数理统计的采空区自燃特性研究［J］．安全与环境学报，2008，8（4）：127－130.

[31] 周世宁．瓦斯在煤层中流动的机理［J］．煤炭学报，1990（1）：15－24.

[32] 周世宁，孙辑正．煤层瓦斯流动理论及其应用［J］．煤炭学报，1965（1）：24－37.

[33] 周世宁．煤层瓦斯运动理论分析［J］．北京矿业学院学报，1957（1）：38－47.

[34] 叶汝陵．回采工作面下行通风时风流与瓦斯的交换［J］．煤炭工程师，1993（1）：21－25.

[35] 叶汝陵．矿井通风状态与风流携带瓦斯量的关系［J］．煤矿安全，1985（9）：1－9.

[36] 叶汝陵，龙斯仁．矿井风量变化与瓦斯涌出量的关系［J］．煤矿安全技术，1983（3）：9－15.

[37] 章梦涛，王景琰，梁栋．采场大气中沼气运移过程的数值模拟［J］．煤炭学报，1987（3）：23－30.

[38] 章梦涛，王景琰．采场空气流动状况的数学模型和数值方法［J］．煤炭学报，1983（3）：46－54.

[39] 章梦涛，王景琰．采場空气流动状况的数学模型和数值方法［J］．阜新矿业学院学报，1982（2）：26－34.

[40] 顾润红．综放采空区3D空间非线性渗流及瓦斯运移规律数值模拟研究［D］．阜新：辽宁工程技术大学，2012.

[41] Morga R. Raman microspectroscopy of funginite from the Upper Silesian Coal Basin (Poland)［J］. International Journal of Coal Geology, 2014, 131: 65－70.

[42] RafaMorga, IwonaJelonek, Krystyna Kruszewska. Relationship between coking coal quality and its micro-Raman spectral characteristics［J］. International Journal of Coal Geology, 2014.

[43] 李顺才，缪协兴，陈占清，等．承压破碎岩石非Darcy渗流的渗透特性试验研究［J］．工程力学，2008（4）：85－92.

[44] 四旭飞，陈占清，缪协兴，等．利用瞬态法提取岩样非Darcy流渗透特性（英文）［J］．湖南科技大学学报（自然科学版），2006（3）：16－20.

[45] 黄先伍，唐平，缪协兴，等．破碎砂岩渗透特性与孔隙率关系的试验研究［J］．岩土力学，2005（9）：1385－1388.

[46] 程宜康，陈占清，缪协兴，等．峰后砂岩非Darcy流渗透特性的试验研究［J］．岩石力学与工程学报，2004（12）：2005－2009.

[47] 陈占清，缪协兴，刘卫群．采动围岩中参变渗流系统的稳定性分析［J］．中南大学学报（自然科学版），2004（1）：129－132.

[48] 李树刚，张伟，邹银先，等．综放采空区瓦斯渗流规律数值模拟研究［J］．矿业安全与环保，2008（2）：1－3，7，91.

[49] 梅振华．采空区瓦斯运移与蓄热区域判定研究［D］．西安：西安科技大学，2010.

[50] 张东明，刘见中．煤矿采空区瓦斯流动分布规律分析［J］．中国地质灾害与防治学报，2003（1）：84－87.

[51] 郭嗣琮．不规则介质采场气体渗流问题的模糊数值解研究［J］．科学技术与工程，2004（2）：99－102，114.

[52] 郭嗣琮．非均匀孔隙介质采场气体稳定渗流的模糊解研究［J］．阜新矿业学院学报（自然科学版），1995（4）：7－12.

[53] 郭嗣琮，陈刚．不规则介质采场模糊渗流的数学模型［J］．辽宁工程技术大学学报（自然科学版），2001（5）：666－668.

[54] 章梦涛，王景琰．采場空气流动状况的数学模型和数值方法［J］．阜新矿业学院学报，1982（2）：26－34.

[55] 顾润红．综放采空区3D空间非线性渗流及瓦斯运移规律数值模拟研究［D］．阜新：辽宁工程技术大学，2012.

[56] 柏发松，丁广骧．二维煤层瓦斯渗透率的反演［J］．煤炭学报，1999（4）：54－57.

[57] 丁广骧．煤层瓦斯实用动力学方程及其有限元解法［J］．中国矿业大学学报，1997（4）：76－79.
[58] 丁广骧，柏发松．采空区混合气运动基本方程及其有限元解法［J］．中国矿业大学学报，1996（3）：21－26.
[59] 丁广骧，王岱．二维采空区非线性渗流问题和解法［J］．湘潭矿业学院学报，1990（2）：125－129.
[60] 李英俊．用数值模拟方法预计煤层瓦斯涌出量［J］．煤矿安全，1982（1）：5－11.
[61] 李英俊，赵均．煤层瓦斯压力分布的研究［J］．煤矿安全，1980（5）：6－11，38.
[62] 魏晓林．有钻孔煤层瓦斯流动方程及其应用［J］．煤炭学报，1988（1）：85－96.
[63] 徐刚，李树刚，马瑞峰．采动条件下煤体渗透率演化方程的构建及应用［J］．煤炭技术，2014，33（7）：258－260.
[64] 潘宏宇，肖鹏，李树刚，等．采动影响下卸压瓦斯渗流规律物理相似模拟实验研究［J］．煤炭工程，2013（2）：87－90.
[65] 黄艳军．烃类物质结构与爆炸极限的关联技术研究［D］．北京：中国石油大学．2012.
[66] 何学超，孙金华，陈先锋，等．管道内甲烷－空气预混火焰传播特性的实验与数值模拟研究［J］．中国科学技术大学学报，2009，39（4）：419－423.
[67] Więckowski A B, Pilawa B, Lewandowski M, et al. Paramagnetic Centres in Exinite, Vitrinite and Inertinite［M］// Magnetic Resonance and Related Phenomena, Volume II. 1998.
[68] Guangping Zhen, Wolfgang Leuckel. Effects of ignitors and turbulence on dust explosions［J］. Journal of Loss Prevention in the Process Industries, 1997（5）.
[69] Michael J. Pegg, Paul R. Amyotte, Phillip D. Lightfoot, et al. Dust explosibility characteristics of azide-based gas generants［J］. Journal of Loss Prevention in the Process Industries, 1997（2）.
[70] Ashok G. Dastidar, Paul R. Amyotte, Michael J. Pegg. Factors influencing the suppression of coal dust explosions［J］. Fuel, 1997（7）.
[71] Ch. Proust. Dust explosions in pipes: A review［J］. Journal of Loss Prevention in the Process Industries, 1996（4）.
[72] Nagesh Chawla, Paul R. Amyotte, Michael J. Pegg. A comparison of experimental methods to determine the minimum explosible concentration of dusts［J］. Fuel, 1996（6）.
[73] 王乐，姜夏冰，张景林．可燃气体（液体蒸气）爆炸测试装置的改进研究［J］．中国安全科学学报，2008，18（12）：89－95，24.
[74] 马贵春，谭迎新，张景林，等．最大试验安全间隙测定装置的设计［J］．华北工学院学报，1998（1）：22－24.
[75] 谭迎新，张景林，张小春．可燃气体（或蒸汽）爆炸特性参数测定［J］．兵工学报，1995（2）：56－60.
[76] 谭迎新，张景林，张小春．蒸汽爆炸特性参数测试装置设计［J］．测试技术学报，1994

(S1)：190－195.

[77] 郁炜．加湿湍流扩散燃烧特性的实验与数值研究［D］．上海：上海交通大学，2003.

[78] 岑可法．高等燃烧学［M］．杭州：浙江大学出版社，2002.

[79] 徐莉．旋流燃烧器锅炉炉内空气动力场的数值模拟［D］．武汉：武汉大学，2005.

[80] 肖丹．受限空间瓦斯爆炸特性及其影响因素研究［D］．阜新：辽宁工程技术大学，2007.

[81] 孙冠华．爆炸气体驱动下岩体破裂的有限元－离散元模拟［J］．岩土力学，2015，36(8)：2419－2425.

[82] Kuhl A L, Kamel M M, Oppenheim A K. Pressure waves generated by steady flames［J］. Symposium on Combustion, 1973, 14 (1)：1201－1215.

[83] 林柏泉．煤矿瓦斯爆炸机理及防治技术［M］．徐州：中国矿业大学出版社，2012.

[84] Nugroho Y S, Mcintosh A C, Gibbs B M. Low-temperature oxidation of single and blended coals［J］. Fuel, 2000, 79 (15)：1951－1961.

图书在版编目（CIP）数据

煤矿采空区瓦斯爆炸机理及区域划分／杨永辰，崔景昆，李国栋编著．－－北京：煤炭工业出版社，2019

ISBN 978－7－5020－7160－8

Ⅰ．①煤… Ⅱ．①杨… ②崔… ③李… Ⅲ．①煤矿开采—采空区—瓦斯爆炸—研究 Ⅳ．①TD712

中国版本图书馆 CIP 数据核字(2019)第 043489 号

煤矿采空区瓦斯爆炸机理及区域划分

编　　著　杨永辰　崔景昆　李国栋
责任编辑　闫　非
编　　辑　田小琴
责任校对　邢蕾严
封面设计　王　滨

出版发行　煤炭工业出版社（北京市朝阳区芍药居 35 号　100029）
电　　话　010－84657898（总编室）　010－84657880（读者服务部）
网　　址　www. cciph. com. cn
印　　刷　北京建宏印刷有限公司
经　　销　全国新华书店

开　　本　710mm×1000mm 1/16　**印张**　10　**字数**　180 千字
版　　次　2019 年 3 月第 1 版　2019 年 3 月第 1 次印刷
社内编号　20181735　**定价**　46.00 元